10-Minuten-Spiele für Hunde

Kyra Sundance

10-Minuten-Spiele für Hunde

86 x Spiel, Spaß & Sport

Übersetzt aus dem Englischen
von Claudia Händel

Bibliografische Information der Deutschen Nationalbibliothek
Die Deutsche Nationalbibliothek verzeichnet diese Publikation in der Deutschen Nationalbibliografie; detaillierte bibliografische Daten sind im Internet über http://dnb.d-nb.de abrufbar.

Wollgrasweg 41, 70599 Stuttgart (Hohenheim)
E-Mail: info@ulmer.de
Internet: www.ulmer.de

Bildquellen: Christian Arias, Slickforce Studios (slickforce.com)
Lektorat: Antje Springorum
Herstellung: Ulla Stammel
Umschlagentwurf: red.sign, Anette Vogt, Stuttgart
Satz: BUCHFLINK Rüdiger Wagner, Nördlingen
Printed in China

ISBN 978-3-8001-7742-4

Inhalt

Sie haben Ihre Freunde, Ihre Arbeit,
Ihre Unterhaltung. Ihr Hund hat nur Sie.
Sie sind sein Leben, seine Liebe,
sein Ein und Alles.
Do More With Your Dog!®
DoMoreWithYourDog.com

Anmerkung der Autorin

Sie führen ein erfülltes Leben. Sie haben Ihre Freunde, Ihre Arbeit, Ihre Verpflichtungen, Ihre Hobbys und Ihre Unterhaltung.

Ihr Hund hat nur Sie. Sie sind sein Leben, seine Liebe, sein Ein und Alles. Reservieren Sie einen Teil Ihrer Zeit nur für ihn, probieren Sie Neues mit ihm zusammen aus und schenken ihm Ihre ungeteilte Aufmerksamkeit.

Als vielbeschäftigter Hundehalter möchten Sie die Zeit, die Sie mit Ihrem Hund verbringen, natürlich möglichst intensiv nutzen. Die Spiele in diesem Buch sind so aufgebaut, dass Ihr Hund dadurch körperlich und geistig ausgelastet ist. Sie sind unkompliziert und so einfach, dass Ihr Hund innerhalb von zehn Minuten ein großes Erfolgserlebnis hat. Das positiv geprägte Teamwork mit Ihrem Hund macht Spaß, stärkt Ihre Beziehung zueinander und Ihr Hund sichert sich Ihre Aufmerksamkeit und Ihren Stolz. Diese 10-Minuten-Spiele werden der Höhepunkt seines Tages sein!

Die Spiele in diesem Buch sind als Beschäftigung für Ihren Hund gedacht und sorgen dafür, dass seine grauen Zellen nicht einrosten. Selbstvertrauen, Konzentration, Koordination, Kraft werden verbessert und er lernt, Ihren Anweisungen zu folgen. Sie können buchstäblich zusehen, wie sich nach zehn Minuten Würstchentauchen (Seite 14) Ihr ängstlicher Vierbeiner in eine selbstbewusste Wasserratte oder Ihr vierbeiniger „zerstreuter Professor“ nach zehn Minuten Memoryspiel (Seite 34) in einen Ausbund an Konzentration verwandelt.

Spiele fördern die Intelligenz und Wahrnehmung Ihres Hundes, da seinem Gehirn immer neue Verhaltensweisen abgefordert werden. Von den Spielen profitieren sowohl Welpen als auch ältere Hunde, die natürlich auch noch neue Anregungen und Erfolgserlebnisse brauchen.

Ich hoffe, dieses Buch ist Ansporn für Sie, die Beziehung zu Ihrem Hund zu vertiefen. Nehmen Sie es als Anregung, mehr mit Ihrem Hund zu machen!

Kyra Sundance

Beziehung entsteht durch gemeinsames Erleben: körperlich, geistig und emotional.

Vergessen Sie über dem Ziel nicht das Vergnügen, das Sie beide haben sollten.

Es ist IHR Hund und sein Erfolg bemisst sich nur in IHREN Augen.

Jetzt geht's los

Glücklich und gesund durch Spiel & Spaß

Die Spiele in diesem Buch sind mehr als nur reine Unterhaltung. Jedes Spiel stellt eine Lernherausforderung für Ihren Hund dar, die sein Selbstvertrauen, seine Konzentration, Koordination, Kraft und die Fähigkeit, Anweisungen zu folgen, stärken soll. Der Kasten „Das lernt Ihr Hund" zeigt, was Ihr Hund bei jedem Spiel schwerpunktmäßig lernt.

Bei allen Spielen ist Teamwork angesagt und Ihr Hund ist aktiv an der Problemlösung beteiligt. Halten Sie sich mit Anweisungen Ihrerseits zurück – ermuntern Sie Ihren Hund stattdessen, Verschiedenes auszuprobieren. Denken Sie daran, dass die Spiele für Ihren Hund kompliziert und anspruchsvoll sind, auch wenn sie Ihnen einfach erscheinen mögen.

Nur 10 Minuten!

Als vielbeschäftigter Hundehalter versuchen Sie, möglichst bei jeder sich bietenden Gelegenheit eine schöne Zeit mit Ihrem Hund zu verbringen und wenn es nur zehn Minuten vor dem Abendessen sind. Die Spiele in diesem Buch sind so aufgebaut, dass Ihr Hund innerhalb von zehn Minuten ein Erfolgserlebnis hat. Solche kurzen, unterhaltsamen Spieleinheiten sind ideal für den Hund. Seine Erfolgserlebnisse steigern noch seine Motivation für das Training. Bei über 85 Spielen wird es Ihrem Hund garantiert nicht langweilig!

Trainings-Tipps

Positive Bestärkung

In diesem Buch wird mit positiver Bestärkung und mit Teamgeist gearbeitet, um eine freudige Beziehung zum Hund aufzubauen. Wir wecken die Begeisterung des Hundes, indem wir sein Selbstbewusstsein und seine Motivation fördern.

Üben Sie neue Spiele mit Ihrem Hund in einem freundlichen und zum Wissensstand des Hundes passenden Umfeld ein. Belohnen Sie jeden noch so kleinen Erfolg und setzen Sie Ihre „Freu-Stimme" ein, um ihn zu ermuntern und zu loben.

Belohnen Sie nur den Erfolg

Eine der wichtigsten Fähigkeiten, die Ihr Hund bei diesen Spielen entwickelt, ist das Lösen von Problemen durch Ausprobieren. Ermuntern Sie Ihren Hund, viele verschiedene Verhaltensweisen auszuprobieren und reagieren Sie positiv (z.B. mit einem Leckerli) auf die gewünschten Verhaltensweisen.

Zeigt Ihr Hund unerwünschtes Verhalten, sagen Sie nicht „Nein", sondern beachten Sie seinen Misserfolg am besten gar nicht. Bei einem „Nein" probiert Ihr Hund möglicherweise gar nichts mehr aus.

Leckerli als Belohnung

Obwohl man einen Hund mit Spielzeug, einem Spiel oder Lob belohnen kann, verwenden wir meistens Futterbelohnungen. Sie sind eine sehr geschätzte Belohnung, die man noch dazu schnell geben kann. Sie möchten die Lernphasen eines neuen Spiels für Ihren Hund möglichst attraktiv gestalten – daher geben Sie ihm für jeden noch so kleinen Erfolg viele Leckerli. Im Prinzip können Sie Ihrem Hund während eines 10-Minuten-Spiels Stück für Stück sein komplettes Abendessen geben.

Damit Ihr Hund hochmotiviert bleibt, geben Sie ihm etwas besonders Leckeres wie erbsengroße Stückchen von Hühnchen, Käse, Nudeln oder selbstgebackene Hundekekse. Aber natürlich können Sie auch sein Trockenfutter als Leckerli einsetzen.

Einen aufgedrehten Hund beruhigen

Manchmal dreht ein Hund während eines Spiels so auf, dass Sie ihn beruhigen müssen, damit er sich wieder konzentrieren kann. Das geht am besten, indem Sie die Übung abbrechen und sich schweigend wegdrehen und woanders hinsehen. Dadurch geben Sie Ihrem Hund zu verstehen (ohne ihn zu tadeln oder zu frustrieren), dass er sich nicht auf dem Weg zu einer Belohnung befindet und dass er Ihnen unaufgeregt seine Aufmerksamkeit schenken muss. Meistens reichen ein paar Sekunden aus, bis der Hund etwas ruhiger wird, sodass Sie das Spiel wieder aufnehmen können. Wiederholen Sie dieses Verhalten jedes Mal, wenn Ihr Hund zu aufgedreht ist. Aber bedenken Sie, dass die meisten Hunde sich nicht lange am Stück konzentrieren können, daher überfordern Sie ihn nicht.

Locken, nicht körperlich einwirken

Es gibt mehrere Wege, einen Hund in die gewünschte Position zu bringen: Sie können ihn beispielsweise mit einem Leckerli locken oder Sie können körperlich auf ihn einwirken. Man lässt sich schnell dazu verleiten, körperlich auf den Hund einzuwirken. Dies kann jedoch den Lernprozess verzögern, da der Hund sein Gehirn nicht einschalten muss und nicht die lernt, seinen Körper selbstständig in diese Stellung zu bringen. Es ist immer besser, wenn Ihr Hund die jeweilige Körperstellung selbstständig einnimmt.

Der richtige Zeitpunkt

Während des Lernprozesses wird Ihr Hund herumzappeln und alles Mögliche ausprobieren. Zeigen Sie ihm sofort, was erwünscht war (Leckerli) und was nicht (kein Leckerli). Damit der Hund das gewünschte Verhalten begreift, ist es entscheidend, ihm das Leckerli genau dann zu geben, wenn er das richtige Verhalten zeigt. Halten Sie ein Leckerli in Ihrer Hand parat und geben Sie es Ihrem Hund in dem Moment, in dem er das gewünschte Verhalten zeigt. Belohnen Sie nicht erst fünf Sekunden nach Ausführung des Verhaltens, da Ihr Hund sonst nicht weiß, wodurch er sich die Belohnung verdient hat.

Training mit positivem Verstärker

Manchmal kann es schwierig sein, den Hund in genau dem Moment zu belohnen, in dem er sich richtig verhalten hat. Sie können jedoch ein bestimmtes Wort (oder einen Klicker) exakt zu diesem Zeitpunkt einsetzen, damit Ihr Hund weiß, dass er genau jetzt seine Belohnung verdient hat. Wir nennen dieses Lautsignal einen **Verstärker**, da er den Augenblick verstärkt, in dem Ihr Hund sich eine Belohnung verdient hat. Auf einen Belohnungsverstärker folgt immer und unmittelbar ein Leckerli. Manche Trainer verwenden ein Spezialwort wie „gut!“ oder „ja!“ als Belohnungsverstärker.

Fortschritte und Rückschritte

Entscheidend für die anhaltende Motivation Ihres Hundes sind wiederholte Anreize und regelmäßige Erfolge. Bekommt Ihr Hund über längere Zeit keine Belohnung, verliert er womöglich die Lust und will nicht mehr weitermachen. Hat Ihr Hund Schwierigkeiten, schrauben Sie die Anforderungen vorübergehend etwas zurück – machen Sie mit einem einfacheren Lernschritt weiter, sodass der Hund wieder Erfolgserlebnisse hat.

Ihr Hund wird zahlreiche Fort- und Rückschritte machen. Gehen Sie ruhig einen Schritt zurück – meistens ist das nur für kurze Zeit notwendig und bestärkt Ihren Hund darin, weiterzumachen.

Wie benutze ich dieses Buch?

Fangen Sie irgendwo an! Für jedes Spiel gibt es einen Kasten „Das brauchen Sie“, der Ihnen zeigt, welche Utensilien nötig sind. Sobald Sie mit einem Spiel fertig sind, verweist der Kasten „Für Profis“ auf ein anderes Spiel, das auf den neu erworbenen Fähigkeiten Ihres Hundes aufbaut.

„Pferd und Reiter“
von Holly, Alaskan Malamute, 2010

Das Papier war hochkant ausgelegt, als Holly es bemalt hat und Hollys Besitzerin war überrascht von dem Bild, als sie es waagerecht hinlegte. Holly malte dieses Bild ein paar Tage nach ihrem berühmt-berüchtigten Ausbruch aus dem Obedience-Ring und ihrer darauffolgenden Jagd auf Ponys, die sich auf einem benachbarten Gelände mitten in einem Polospiel befanden, das vom Fernsehen übertragen wurde.

Probieren Sie mit Ihrem Hund Pfotenmalkunst aus, Seite 170.

Spiele sind eine gute Grundlage für Hundesport

Viele der hier vorgestellten Spiele dienen Profi-Hundetrainern als Basis-Training für verschiedene Hundesportarten. Dem Hund werden auf diese Weise ein besseres Gespür für seinen Körper sowie logische Fähigkeiten vermittelt, die er in der jeweiligen Sportart benötigt. Bei jedem Spiel gibt es einen Kasten, der die Hauptsportarten bzw. Aktivitäten anführt, die das jeweilige Spiel als Übungseinheit verwenden. Im Folgenden werden einige gängige Hundesportarten kurz beschrieben, auf die im vorliegenden Buch verwiesen wird.

Agility

Agility ist eine der beliebtesten Hundesportarten. Bei dieser Sportart überwindet der Hund, von seinem Hundeführer geführt, einen Hindernisparcours mit Hürden, Wippe, Slalom, Reifen, A-Wand, Steg (erhöhter Weg aus Brettern) und Tunnel. Bei jedem Wettkampf werden die Hindernisse auf einem etwa 30 x 40 m großen Parcours unterschiedlich aufgebaut. Es befindet sich immer nur ein Mensch-Hund-Team im Parcours, die Zeit wird gemessen. Der Hundeführer führt seinen Hund mit Hörzeichen und Körpersprache durch den Parcours.

Coursing

Coursing ist eine Hundesportart mit hohem Energieverbrauch, bei der die Hunde eine mechanisch gezogene Attrappe (weiße Plastiktüte oder gegerbtes Hasenfell) verfolgen. Die Attrappe wird an einem Seil befestigt, das mit der Hasenzugmaschine über die Strecke gezogen wird. Über Umlenkrollen werden Richtungswechsel ausgeführt. Bis zu 64 Stundenkilometer werden so erreicht.

Nasenarbeit

Dieser Freizeit-, aber auch Wettkampfsport nutzt die natürlichen Fähigkeiten des Hundes, einem Geruch nachzugehen. Nach dem Vorbild der Arbeit von Polizeidiensthunden gehen die Hund-Mensch-Teams mit Eifer daran, beispielsweise Kisten nach versteckten Gegenständen zu durchsuchen. Für den Hund ist dies eine großartige Möglichkeit, Freude zu erleben, Selbstvertrauen aufzubauen und geistig wie körperlich ausgelastet zu sein.

Fährtenarbeit

Ihr Jagdinstinkt befähigt alle Hunde, zu fährten bzw. einer Geruchsspur zu folgen. Hunde können dazu ausgebildet werden, einer Fährte zu folgen. Fährtenturniere simulieren die Suche nach einer vermissten Person. Dabei geht ein Fährtenleger über ein Gelände. Hund und Hundeführer starten dann an einem Ende der Fährte und versuchen, dieser bis zum anderen Ende zu folgen.

Rettungsdienst

Ehrenamtliche Rettungshundeteams unterstützen Suchen nach vermissten Personen, z.B. nach Menschen, die sich verirrt haben oder von einer Lawine überrollt wurden. Die Hunde werden dazu ausgebildet, menschlichen Geruch aufzunehmen und ihre Nase zum Aufspüren von Menschen einzusetzen.

Hundefrisbee

Bei Frisbee-Wettbewerben arbeiten Hundeführer und Hund als Team, um innerhalb einer vorgegebenen Zeit möglichst viele erfolgreiche Würfe/Fänge zu erzielen. Beim Freestyle-Frisbee führen Hund und Hundeführer schwierige Frisbeetricks nach einer ausgefeilten, mit Musik unterlegten Kür aus. Die Sportart ist bei den Zuschauern sehr beliebt.

Apportieren im Gelände

Zum Apport von geschossenen Vögeln werden Jagdhunde eingesetzt. Jagdgebrauchsprüfungen für Retriever sind eine Möglichkeit, den Bringtrieb und das Training des Hundes unter Beweis zu stellen, sowie Arbeitstitel zu gewinnen. Der Hundeführer weist seinen Hund auf den geschossenen Vogel mittels Pfeifkommandos und Armzeichen ein. Der Hundeführer gibt dem Hund per Pfiff das Kommando zum Absitzen, damit er sofort Sichtkontakt zu ihm aufnimmt. Er streckt dann den Arm nach rechts oder links aus, um dem Hund die Richtung anzuzeigen, in die er laufen soll.

Rally Obedience

Beim Rally-Obedience durchlaufen Hund und Hundeführer im Team einen Parcours mit jeweils zehn bis zwanzig nummerierten Stationen. Diese sind jeweils mit einem Hinweisschild versehen, das die an der betreffenden Station geforderte Übung zeigt, z.B. „Halt und Sitz“, „360-Grad-Wende“, „Platz“ oder „den Hund vorne abrufen und im Fuß beenden“. Es ist ein Parcours, den der Hundeführer mit seinem Hund bei Fuß eigenständig durchläuft, in seiner eigenen Geschwindigkeit, durch jede Station. Im Gegensatz zum herkömmlichen Obedience dürfen die Hundeführer ihre Hunde auf dem Parcours ermuntern, loben und Befehle doppelt geben.

Obedience
Beim Obedience arbeiten Sie und Ihr Hund im Team, um Titel und Platzierungen zu gewinnen. Jede Prüfungsklasse besteht aus elf vorgegebenen Übungen, die von einem Richter mit Punkten bewertet werden. In der Beginner-Klasse werden u.a. Elemente wie Bei-Fuß-Gehen, Abrufen (Herkommen), Stehen zur Beurteilung, Bringen, Gebiss zeigen gefordert.

Vielseitigkeitssport
Im Vielseitigkeitssport wird das Schutzverhalten des Hundes für die Polizeihundearbeit, als Spür-/Rauschgiftsuchhund, das Fährten sowie den Rettungsdienst getestet. Der Hund muss Selbstsicherheit, Intelligenz, Lernvermögen und Arbeitswillen zeigen, wie auch körperliche Stärke, Ausdauer, Wendigkeit und Spürsinn. Schutzhundprüfungen bestehen aus drei Sparten: Fährtenarbeit, Unterordnung und Schutzdienst.

Dogdancing
Beim Dogdancing präsentieren Hund und Mensch Tanzfiguren zu musikalischer Begleitung. Im Wettkampf sind tänzerisches Können, Fantasie und neuartige Hundetricks gefragt. Zu den Tanzfiguren gehören u.a. Beinslalom, Achter laufen durch die Beine des Hundeführers, Sprünge, Twist, Verbeugungen, Rolle ...

Hundeausstellung
Die beliebteste Form des Wettstreits mit Hunden ist die Ausstellung. Für jede Rasse existiert ein anerkannter Rassestandard, der die idealen Merkmale einer Rasse enthält. Ein Zuchtrichter vergleicht jeden Hund mit dem Rassestandard, um festzustellen, welcher Hund dem Rasseideal am nächsten kommt. Der Hund wird nach seinem Gebäude beurteilt (Gesamterscheinung und Körperbau). Die Hunde stehen in einer Reihe und werden gestellt (ausgewogen und korrekt, sodass der Richter ihren Körperbau beurteilen kann) und anschließend durch den Ring geführt. Mischlingshunde können an Begleithundeschauen teilnehmen, bei denen die Vorführer nach ihrem Können im Ring beurteilt werden, jedoch nicht die Qualitäten des Hundes.

Tierdarsteller
Tierdarsteller treten in Filmen, im Fernsehen, in Werbespots und in Live-Shows auf. Viele Hundedarsteller gehören privaten Tierhaltern und werden über Tieragenturen gebucht. Ein Hundedarsteller muss Selbstvertrauen haben und sozialverträglich gegenüber Menschen sein und darf keine Angst vor Umweltreizen und lauten Geräuschen haben. Darüber hinaus muss er eine Set-Ausbildung vorweisen und in der Lage sein, Grundkommandos auf Anweisung und nur auf Sichtzeichen hin auszuführen.

Therapiehund
Die ehrenamtliche Arbeit im Team mit einem geprüften Therapiehund ist ein lohnendes Unterfangen, fremde Menschen am eigenen Hund teilhaben zu lassen und ihnen bei den Besuchen ein Lächeln auf das Gesicht zu zaubern. Therapiehunde besuchen Menschen in Krankenhäusern oder anderen Einrichtungen, spenden Trost und sind eine willkommene Ablenkung von Stress oder Schmerzen. Ein Therapiehund muss Selbstvertrauen haben und gut sozialisiert sein. Durch das Vorführen einfacher Tricks wird der Besuch ein regelrechtes Highlight im Patientenalltag.

Assistenzhund
Ein Assistenzhund ist eigens dafür ausgebildet, einem Menschen mit einer bestimmten Behinderung zu helfen. Assistenzhunde werden u.a. dazu ausgebildet, einen Rollstuhl zu ziehen, Gegenstände vom Boden aufzuheben, Türen zu öffnen und zu schließen oder einen Menschen aus sitzender Stellung in eine stehende Position hochzuziehen. Manche Hunde sind dazu ausgebildet, einen Notrufknopf zu drücken.

Würstchentauchen

Bauen Sie die Wasserscheu Ihres Hundes ab. Werfen Sie ein paar Wursträdchen in ein Planschbecken und fordern Sie Ihren Hund auf, danach zu tauchen.

DAS LERNT IHR HUND

Mit diesem Spiel verliert Ihr Hund zunehmend seine Wasserscheu und gleichzeitig wird dabei sein Geruchssinn geschärft.

SINNVOLL FÜR ...

Wasserscheu
Viele Hunde sind anfänglich wasserscheu. Mit diesem Trainingsspiel wird Ihr Hund auf eine spielerische Art an den Kontakt mit Wasser herangeführt und dazu gebracht, mit den Pfoten und sogar dem Gesicht ins Wasser zu gehen.

Rettungsdienst
Speziell ausgebildete Rettungshunde können Ertrinkende oder Unterwassergegenstände über den Geruch aufspüren. Beachten Sie, wie Ihr Hund ein Unterwasser-Würstchen finden kann.

UND SO GEHT'S:

1 Lassen Sie Ihren Hund zusehen, wie Sie ein paar Wursträdchen in ein leeres, niedriges Planschbecken werfen. Werfen Sie mindestens ein Wursträdchen nahe an den Rand, sodass Ihr Hund es erreichen kann, ohne in das Planschbecken zu steigen. Ermuntern Sie Ihren Hund so lange, bis er sich traut, in das Planschbecken zu steigen.

2 Füllen Sie das Planschbecken etwa 2 cm mit Wasser und wiederholen Sie die Übung. Loben Sie Ihren Hund für jeden kleinen Fortschritt. Traut sich Ihr Hund immer noch nicht so richtig, stellen Sie das Planschbecken leicht schräg auf, sodass die obere Hälfte des Beckens trocken ist.

3 Füllen Sie das Planschbecken weiter mit Wasser auf und fordern Sie Ihren Hund auf, mit allen Vieren hineinzuspringen! Bringen Sie ihn mit einem Leckerli in Ihrer Hand dazu, durch das Wasser zu gehen.

4 Manche Hunde lernen, nach den Leckerli zu „tauchen" und können sie vom Beckenboden fressen. Sie produzieren sogar Luftblasen mit ihrer Schnauze, wenn sie mit dem Gesicht untertauchen.

Tipp

Es ist wichtig, dass Sie Ihren Hund nicht zu einem Gegenstand drängen, der ihm Angst macht. Lassen Sie den Hund den Gegenstand auf eigene Faust erforschen. Wenn Sie Ihren Hund drängen oder ihn gar direkt hineinsetzen, kann dies seine Ängste noch verstärken und zu einem schweren Rückschlag führen. Nach zehn Minuten fischen die meisten Hunde begeistert nach den Wursträdchen!

Das brauchen Sie

Verwenden Sie ein Kinderplanschbecken, einen großen Wassereimer oder eine große Schüssel für dieses Spiel.

Für Profis

Nasenspaß im Karton *Seite 16*

Schwimmbrett (Kurzes Surfbrett) *Seite 96*

Nasenspaß im Karton

Verstecken Sie ein Leckerli oder ein Spielzeug in einem Karton mit Verpackungsmaterial. Durch das Wühlen und Finden wird Ihr Hund mehr Selbstvertrauen bekommen (und dabei auch noch Spaß haben)!

DAS LERNT IHR HUND

Bei diesem Spiel werden Selbstvertrauen aufgebaut, der Spürsinn geschult, Konzentration geübt und eigenständiges Suchen gefördert.

SINNVOLL FÜR ...

Nasenarbeit
Mit diesem Spiel erlernt Ihr Hund, einen Gegenstand zu suchen.

Rettungsdienst
Rettungshunde werden dazu ausgebildet, Menschen anhand ihres Geruchs aufzuspüren und diesen Geruch zielstrebig z.B. durch Bauschutt zu verfolgen. Das Spiel fördert Selbstvertrauen und Ausdauer bei Ihrem Hund.

UND SO GEHT'S

Wecken Sie mit einem Leckerli oder Lieblingsspielzeug das Interesse Ihres Hundes. Achten Sie darauf, dass er Ihnen dabei zusieht, wie sie es oberflächlich im Verpackungsmaterial verstecken. Zeigen und klopfen Sie darauf und fordern Sie Ihren Hund mit „Hol's!“ auf. Findet er das Leckerli oder Spielzeug, freuen Sie sich und belohnen Sie ihn mit dem Leckerli oder Spielzeug.

Tipp

Ihr Hund ist anfangs vielleicht noch etwas ängstlich und traut sich nicht so recht, seinen Kopf in das Verpackungsmaterial zu stecken. Er gewinnt aber an Selbstvertrauen und Sie können den Gegenstand weiter unten verstecken.

Das brauchen Sie

Füllen Sie einen Karton mit Verpackungsmaterial wie zusammengeknüllten Packpapierkugeln oder Bällen aus einem Bällchenbad für Kinder. Stecken Sie das Leckerli anfangs in einen Leckerlibeutel oder einen belüfteten Behälter, damit Ihr Hund es leichter finden kann.

Für Profis

Muffin-Blech
Seite 46

Wäschekorb

Stellen Sie die grauen Zellen Ihres Hundes auf die Probe, indem Sie ein Leckerli oder Spielzeug unter einem umgedrehten Wäschekorb verstecken. Findet Ihr Hund heraus, wie er da rankommt?

DAS LERNT IHR HUND

Bei diesem Spiel werden Selbstvertrauen, Spürsinn, Konzentration und selbstständiges Suchen gefördert.

SINNVOLL FÜR ...

Selbstvertrauen
Dieses Spiel hilft ängstlichen Hunden, mit ungewohnten Gegenständen umzugehen und für ihren Wagemut belohnt zu werden.

UND SO GEHT'S

Necken Sie Ihren Hund mit seinem Lieblingsspielzeug oder einem Leckerli und zeigen Sie ihm, wie Sie einen umgedrehten Wäschekorb darüber stülpen. Fordern Sie ihn mit „Hol's!" auf.

Tipp

Ihr Hund wird Gefallen an diesem Spiel finden – aber nur, wenn er von Anfang an ein Erfolgserlebnis hat. Wenn er sich also für den Wäschekorb interessiert, indem er ihn mit der Schnauze oder Pfote anstupst, helfen Sie ihm, indem Sie eine Ecke des Korbs leicht anheben.

Das brauchen Sie

Verwenden Sie einen Wäschekorb aus Metall oder Kunststoff mit Löchern, die so groß sind, dass Ihr Hund durchsehen und das Leckerli darunter riechen kann.

Für Profis

Verknotetes Tuch
Seite 47

Tunnel

Durch einen Tunnel zu laufen mag für Ihren Hund anfangs vielleicht beängstigend sein, aber mit Geduld und Ermutigung Ihrerseits kommt Ihnen am anderen Ende des Tunnels ein selbstbewussterer Hund entgegen.

DAS LERNT IHR HUND

Der Tunnel ist ein Spiel zur Förderung des Selbstvertrauens.

SINNVOLL FÜR ...

Agility
Der Tunnel ist ein Hindernis im Agility-Parcours.

Rettungsdienst
Als Teil der Rettungshundeprüfung muss der Hund durch einen Tunnel mit einer rechtwinkligen Biegung gehen. Damit werden Bedingungen simuliert, die ihn unter Umständen auf der Suche nach Katastrophenopfern erwarten.

UND SO GEHT'S:

1 Lassen Sie Ihren Hund einen kurzen, geraden Tunnel in vertrauter Umgebung erforschen. Am besten hält ein Helfer Ihren Hund am einen Ende des Tunnels vorsichtig fest und Sie stellen vom anderen Ende Sichtkontakt zu ihm her und rufen ihn ab. Strecken Sie ein Leckerli in den Tunnel, um den Hund heranzulocken.

2 Es kann ein paar Minuten oder sogar noch länger dauern – verlieren Sie nicht die Geduld. Wenn Ihr Hund schließlich durch den Tunnel zu Ihnen kommt, geben Sie ihm das Leckerli.

3 Hat Ihr Hund genügend Selbstvertrauen gewonnen und läuft freudig durch einen geraden Tunnel, versuchen Sie, eine leichte Biegung in den Tunnel zu machen. Seien Sie nicht überrascht, wenn Ihr Hund plötzlich wieder unsicher wird. Unter Umständen müssen Sie ihn noch ein paar Mal durch den geraden Tunnel laufen lassen, bevor Sie es erneut mit der Biegung versuchen.

4 Steigern Sie die Anforderung an Ihren Hund noch, indem Sie eine 360-Grad-Biegung in den Tunnel machen. Wenn Sie Ihren Hund rufen, während er durch den Tunnel läuft, hört er, wo Sie sich befinden – das gibt ihm Selbstvertrauen.

Tipp

Wenn sie es kennen, laufen die meisten Hunde gern durch den Tunnel. Wenn Sie keinen Helfer haben, stellen Sie den Tunnel zwischen einer Wand und einem Sofa oder im Türdurchgang auf, damit Ihr Hund den Tunnel nicht umgehen kann.

Das brauchen Sie

Agility-Tunnel haben einen Durchmesser von rund 60 cm. Man kann jedoch kleinere Kindertunnel kaufen – dann sollte Ihr größerer Hund allerdings keine Beschwerden in Rücken oder Hüfte haben. Legen Sie immer Sandsäcke außen an die Tunnelwände.

Für Profis

Kriechtunnel
Seite 20

Sacktunnel
Seite 22

Kriechtunnel

Hängen Sie das Tunneldach immer tiefer, bis Ihr Hund auf dem Bauch untendurch kriecht.

DAS LERNT IHR HUND

Dieses Spiel stärkt sein Selbstvertrauen und seine Kraft.

SINNVOLL FÜR ...

Rettungsdienst/Polizeihund
Rettungs- und Polizeihundestaffeln verwenden Kriechtunnel, um ihren Hunden beizubringen, unter engen Stellen durchzukriechen – eine Fähigkeit, die der Hund unter Umständen braucht, wenn er nach jemandem sucht oder auf einen Apport geschickt wird. Ein Rettungshund muss in der Lage sein, unter einem Hindernis durchzukriechen, dessen Höhe nur drei Viertel der Körperhöhe des Hundes beträgt.

UND SO GEHT'S:

1 Beginnen Sie die Übung immer mit dem größten Tunneldurchmesser. Legen Sie eine Reihe von Leckerli im Tunnel aus. Führen Sie Ihren Hund zum Tunneleingang und zeigen Sie ihm das erste Leckerli. Stellen Sie sich seitlich zum Tunnel auf, um Ihren Hund vom Ausbrechen zur Seite abzuhalten.

2 Nachdem er das erste Leckerli gefressen hat, geht Ihr Hund vielleicht wieder rückwärts zum Tunneleingang hinaus. Lassen Sie ihn gewähren, legen Sie einfach noch ein Leckerli an dieselbe Stelle. Versuchen Sie, mehr Leckerli in kürzeren Abständen in den Tunnel zu legen, damit Ihr Hund vorwärts durch den Tunnel läuft. Bald sollte er sich wohl genug fühlen, durch den ganzen Tunnel zu laufen. Wiederholen Sie die Übung in umgekehrter Richtung.

3 Legen Sie eine schnellere Gangart ein, während Sie neben dem Tunnel herlaufen. Hängen Sie das Tunneldach schrittweise immer tiefer.

4 Greifen Sie auf das Kommando „Kriech" zurück. Ihr Hund wird viel lieber auf einem weicheren Untergrund wie Gras oder Teppich kriechen. Kriechen ist für einen Hund harte Arbeit, machen Sie daher nur wenige Wiederholungen.

Tipp

Ihr Hund hat anfangs vielleicht Angst vor dem Kriechtunnel. Es ist wichtig, dass Sie ihn nicht über seine Angstschwelle hinaus drängen, da sich seine Angst sonst noch verstärken könnte. Für diese Übung sollte Ihr größerer Hund keine Beschwerden in Rücken oder Hüfte haben.

Das brauchen Sie

Sie können selbst einen Kriechtunnel herstellen, indem Sie die Beine einer Hundeleiter ausziehen (Seite 68). Sie können einen Kriechtunnel auch improvisieren, indem Sie mehrere Sägeböcke oder Stühle aufreihen, unter denen Ihr Hund durchkriecht.

Für Profis

Sacktunnel
Seite 22

Sacktunnel

Mit etwas Hilfe wird sich Ihr Hund zuversichtlich seinen Weg durch einen geschlossen Textiltunnel bahnen.

DAS LERNT IHR HUND

Der Sacktunnel ist eine Übung zur Stärkung des Selbstvertrauens.

SINNVOLL FÜR ...

Agility
Der geschlossene Sacktunnel ist ein Agility-Hindernis.

Rettungsdienst
Ein Rettungshund muss Selbstvertrauen zeigen, wenn er durch einen Tunnel läuft, der einen teilweise verdeckten Ausgang hat.

UND SO GEHT'S:

1 Bringen Sie als Erstes Ihrem Hund bei, durch einen offenen Tunnel zu laufen (Seite 18). Lassen Sie Ihren Hund von einem Helfer am Eingang zum Sacktunnel vorsichtig festhalten. Stellen Sie sich an den Ausgang und halten Sie den Stoffsack auf, damit Ihr Hund das Tunnelende sehen kann. Rufen Sie Ihren Hund und geben Sie ihm ein Leckerli, wenn er durch den Ausgang kommt.

2 Wenn das gut klappt, wiederholen Sie das Ganze, aber lassen Sie den Stoff auf Ihren Hund fallen, wenn er fast aus dem Tunnel draußen ist. So gewöhnt er sich an die Streifbewegung des Stoffs über seinem Rücken.

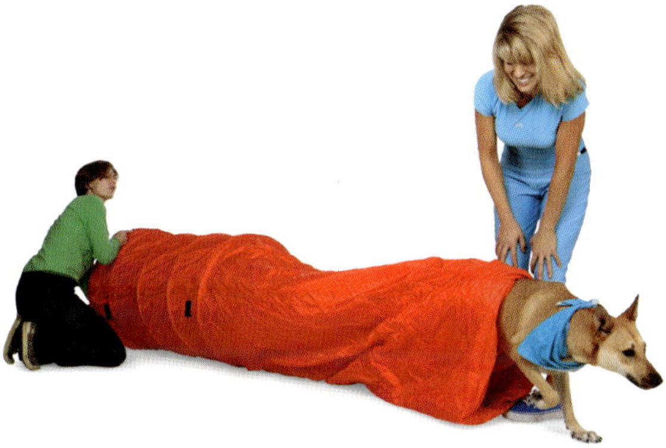

3 Lassen Sie jetzt den Stoff noch früher fallen, sodass sich Ihr Hund die letzten paar Schritte seinen Weg durch den Tunnel bahnen muss.

4 Halten Sie den Tunnelsack auf, sodass Ihr Hund das Tunnelende sehen kann und lassen Sie ihn dann zu Boden fallen. Rufen Sie sofort Ihren Hund ab. Wenn er durch den Tunnel kommt, gratulieren Sie ihm zu seinem Mut!

Tipp

Richten Sie den Stoffsack vor jedem Durchgang gerade aus, damit Ihr Hund sich im Sack nicht verwickelt. Passiert dies dennoch, heben Sie die Öffnung an und halten sie auf.

Das brauchen Sie

Improvisieren Sie einen Sacktunnel, indem Sie eine Mülltüte an einem 208-Liter-Kunststofffass befestigen oder indem Sie einfach eine Decke über einen Tisch hängen, unter der Ihr Hund durchgehen muss.

Für Profis

Blindsprung
Seite 32

Krach-Spiel

Helfen Sie Ihrem geräuschempfindlichen Hund, sich an laute Geräusche zu gewöhnen, indem er lernt, begeistert das Ende eines Krachbretts nach unten zu schlagen.

DAS LERNT IHR HUND

Das Krach-Spiel wird zur Desensibilisierung bei Geräuschempfindlichkeit und zum Aufbau von Selbstvertrauen eingesetzt.

SINNVOLL FÜR ...

Agility
Diese Vorbereitungsübung soll den Hund an das Geräusch gewöhnen, mit dem die Wippe auf dem Boden aufkommt.

Vertrauen
Viele Hunde sind geräuschempfindlich. Die Desensibilisierung gegenüber plötzlichen Geräuschen gibt ihnen im Alltag ein größeres Selbstvertrauen.

Jagdhunde
Bei Sporthunden ist es wichtig, dass sie unempfindlich gegen Geräusche und somit schussfest sind.

UND SO GEHT'S:

1 Halten Sie ein Leckerli über das untere Ende des Krachbretts und geben Sie das Kommando „Pfoten hoch!" Bei seinem Versuch, an das Leckerli zu kommen, tritt Ihr Hund vielleicht auf das Brett. Sobald seine Pfote das Brett berührt, sagen Sie „Gut!" und geben ihm das Leckerli.

2 Halten Sie das Ende des Krachbretts etwa 3 cm über dem Boden fest und wiederholen Sie die Übung. Sobald Ihr Hund auf das Brett tritt, lassen Sie es auf den Boden fallen. Ihr Hund wird vielleicht von der Bewegung und dem Geräusch des Bretts überrascht sein, also loben und ermutigen Sie ihn in fröhlichem Ton.

3 Halten Sie das eine Ende des Krachbretts immer höher. Belohnen Sie jeden Knall mit einem fröhlichen Lob und einem Leckerli. Zeigt sich Ihr Hund verunsichert, wiederholen Sie die Übung erneut ein paar Mal mit dem Brett auf dem Boden.

4 Lassen Sie Ihren Hund es alleine machen. Sobald Ihr Hund mit dem Agility-Training anfängt, hat er sich bereits an den beeindruckenden Knall der Wippe gewöhnt.

Tipp

Gegenkonditionierung ist eine Technik, die eine Belohnung (Leckerli) mit einem angstbesetzten Gegenstand (dem lauten Knall) verbindet, um die Angst zu überwinden. Sie müssen die Angstschwelle Ihres Hundes kennen. Kauert sich Ihr Hund zusammen und will nicht an das Krachbrett herankommen oder nimmt kein Leckerli von Ihnen, dann hat er die Schwelle bereits überschritten.

Das brauchen Sie

Krachbretter sehen wie Miniaturwippen aus. Sie können auch eine richtige Wippe (Seite 88) oder ein Wippbrett (Seite 94) als Ihr „Krachobjekt" verwenden.

Für Profis

Die Tür zuschlagen
Seite 26

Wippe
Seite 88

Die Tür zuschlagen

Geräuschempfindliche Hunde gewöhnen sich besser an laute Geräusche, wenn sie lernen, eine Tür zuzuschlagen. Sie werden überrascht sein, wie sehr Ihrem Vierbeiner dieses Spiel gefällt!

DAS LERNT IHR HUND

Bei diesem Spiel lernt Ihr Hund Selbstvertrauen und laute Geräusche besser zu ertragen.

SINNVOLL FÜR ...

Selbstvertrauen
Hunde können geräuschempfindlich sein. Setzen Sie dieses Spiel ein, um Ihren Hund an plötzliche Geräusche zu gewöhnen – dadurch wird er sich im Alltag leichter tun.

Assistenzhund
Assistenzhunde können ihren Besitzern helfen, die Türen zuzumachen.

UND SO GEHT'S:

1 Beginnen Sie mit einer Tür, die bereits geschlossen ist. Halten Sie Ihrem Hund ein Leckerli vor die Nase, um sein Interesse zu wecken.

2 Führen Sie das Leckerli langsam in Richtung Tür und halten Sie es so hoch, dass es gerade noch außerhalb der Reichweite Ihres Hundes ist. Bei seinem Versuch, an das Leckerli zu kommen, wird Ihr Hund seine Vorderpfoten gegen die Tür drücken. Belohnen Sie ihn in diesem Moment.

3 Öffnen Sie die Tür ein paar Zentimeter und wiederholen Sie die Übung. Sobald Ihr Hund seine Vorderpfoten gegen die Tür drückt, schlägt die Tür zu – was Ihren Hund vielleicht erschreckt. Geben Sie nach dem Zuschlagen der Tür Ihrem Hund schnell das Leckerli – bevor er sich erschreckt.

4 Wiederholen Sie die Übung und öffnen Sie dabei die Tür immer weiter, je mehr Selbstvertrauen Ihr Hund entwickelt. Bald wird Ihr Hund aufgeregt gegen die Tür springen, damit sie zuschlägt!

Tipp

Ein geräuschempfindlicher Hund erschreckt sich durch das laute Geräusch beim Zuschlagen. Daher ist es wichtig, den Geräuschpegel schrittweise zu erhöhen. Sie müssen die Angstschwelle Ihres Hundes genau kennen. Traut er sich nicht an die Tür heran, gehen Sie einen Schritt zurück und üben Sie mit der geschlossenen Tür.

Das brauchen Sie

Arbeiten Sie bei größeren Hunden mit einer Wohnungstür und bei kleineren Hunden mit einer Küchenschranktür.

Für Profis

Klingeln zum Gassigehen
Seite 152

Pfotenmalkunst
Seite 170

Reifensprung

Steigern Sie das Selbstvertrauen Ihres Hundes, indem Sie ihm beibringen, durch einen Reifen zu springen.

DAS LERNT IHR HUND

Durch einen Reifen springen fördert sowohl das Selbstvertrauen Ihres Hundes als auch sein Koordinationsvermögen.

SINNVOLL FÜR ...

Agility
Der Reifen ist ein Hindernis im Agility-Sport.

Dogdancing
Der Reifensprung ist der erste Lernschritt für den Hund, um später durch die zum Kreis geformten Arme seines Hundeführers zu springen – eine beliebte Tanzfigur.

UND SO GEHT'S:

1 Halten Sie den Reifen in den Türdurchgang, sodass Ihr Hund ihn nicht umgehen kann. Lassen Sie Ihrem Hund Zeit, den Reifen zu erforschen, da er anfangs vielleicht Angst davor hat.

2 Halten Sie den Reifen mit der dem Hund zugewandten Hand. Locken Sie ihn mit einem Leckerli in der anderen Hand durch den Reifen. Geben Sie ihm das Leckerli, wenn er durch den Reifen geht.

3 Versuchen Sie es jetzt in einem offenen Raum. Halten Sie den Reifen mit der dem Hund zugewandten Hand am Boden fest. Sagen Sie „Hopp!" und locken ihn mit einem Leckerli in der anderen Hand durch den Reifen.

4 Halten Sie den Reifen ein Stück in die Höhe und geben Sie dann das Kommando „Hopp!". Verheddert sich Ihr Hund im Reifen, lassen Sie den Reifen einfach los.

Tipp

Hunde haben vielleicht Angst, das erste Mal durch den Reifen zu gehen. Überlassen Sie Ihrem Hund die Entscheidung, ganz ohne Zwang und von allein durch den Reifen zu gehen.

Das brauchen Sie

Nehmen Sie einen Spielzeug-Hula-Hoop-Reifen oder basteln Sie Ihren eigenen Reifen aus schwarzem Kunststoff-Gartenschlauch und Schlauchverbindern (in Baumärkten erhältlich).

Für Profis

Hürden-sprung
Seite 104

Podestsprung

Es braucht eine gehörige Portion Mut, von einem Podest zum anderen zu springen. Fangen Sie ganz klein an und in Nullkommanichts wird Ihr Hund selbstsicher auf die Podeste springen!

DAS LERNT IHR HUND

Diese Übung ist gut für Selbstvertrauen, Koordinationsvermögen und Sprungtechnik.

SINNVOLL FÜR …

Rettungs-/Polizeidiensthund
Polizeidiensthunde werden dazu ausgebildet, von einem 1,2 m hohen Podest auf ein anderes, gleich hohes Podest zu springen. Rettungshunde werden dazu ausgebildet, einen Weitsprung über einen Graben zu machen. Dabei entspricht die Breite des Grabens der Widerristhöhe (Schulterhöhe) des Hundes.

Tierdarsteller
Einen Tierdarsteller zwischen Podesten hin- und herspringen zu lassen ist eine weitverbreitete Greenscreen-Technik, um ein Foto eines im Sprung gestreckten Hundes oder eine Aufnahme, auf der der Hund zu fliegen scheint, zu machen.

UND SO GEHT'S:

1 Stellen Sie zwei Podeste dicht nebeneinander auf. Mit dem Kommando „Steig auf" soll Ihr Hund auf das erste Podest steigen (siehe Podest, Seite 136). Locken Sie ihn mit einem Leckerli auf das zweite Podest. Geben Sie ihm das Leckerli, sobald er das zweite Podest erreicht.

2 Stellen Sie die beiden Podeste etwa 15 cm auseinander und versuchen Sie es erneut. Anstatt den Hund auf das zweite Podest zu locken, versuchen Sie es mit dem Kommando „Hopp!" und klopfen Sie auf das Podest.

3 Vergrößern Sie allmählich den Abstand zwischen den beiden Podesten immer mehr, damit Ihr Hund immer größere Distanzen springt. Belohnen Sie Ihren Hund immer auf dem zweiten Podest.

4 Springt Ihr Hund auf den Boden anstatt auf das zweite Podest, stellen Sie eine Hürde zwischen beiden Podesten auf.

Tipp

Eine schlechte Erfahrung mit einem Sprung kann das Selbstvertrauen Ihres Hundes beeinträchtigen. Vergrößern Sie daher die Abstände immer nur sehr langsam.

Das brauchen Sie

Podeste sollten stabil und rutschfest sein. Außerdem sollten sie groß genug sein, um ausreichend Platz für die Landung Ihres Hundes zu haben. Es kann immer mal vorkommen, dass Ihr Hund seinen Sprung nicht schafft. Verwenden Sie daher nur Podeste, die so niedrig sind (etwa halb so hoch wie Ihr Hund), dass sich Ihr Hund nicht verletzt, falls er seinen Sprung nicht schafft.

Für Profis

Hürdensprung
Seite 104

Blindsprung

Auf den Hund hat es eine große Wirkung, wenn er seine Ängste überwindet. Mit Ihrer Unterstützung kann Ihr Hund selbstsicher durch einen geschlossenen Vorhang springen.

DAS LERNT IHR HUND

Ein Blindsprung fördert das Selbstvertrauen und die Sprungtechnik.

SINNVOLL FÜR ...

Agility
Der Blindsprung ist vergleichbar mit dem Hindernis „Fenstersprung“. Dieses Hindernis besteht aus einem stabilen Stoffpaneel mit einem viereckigen Fensterausschnitt. Wie beim Blindsprung kann der Hund nicht sehen, was auf der anderen Seite des Fenstersprungs liegt.

Rettungs-/Polizeidiensthund
Rettungs- und Polizeidiensthunde werden an einem Fenstersprung-Hindernis ausgebildet, um sie für eine Situation vorzubereiten, in der sie unter Umständen durch ein echtes Fenster springen müssen.

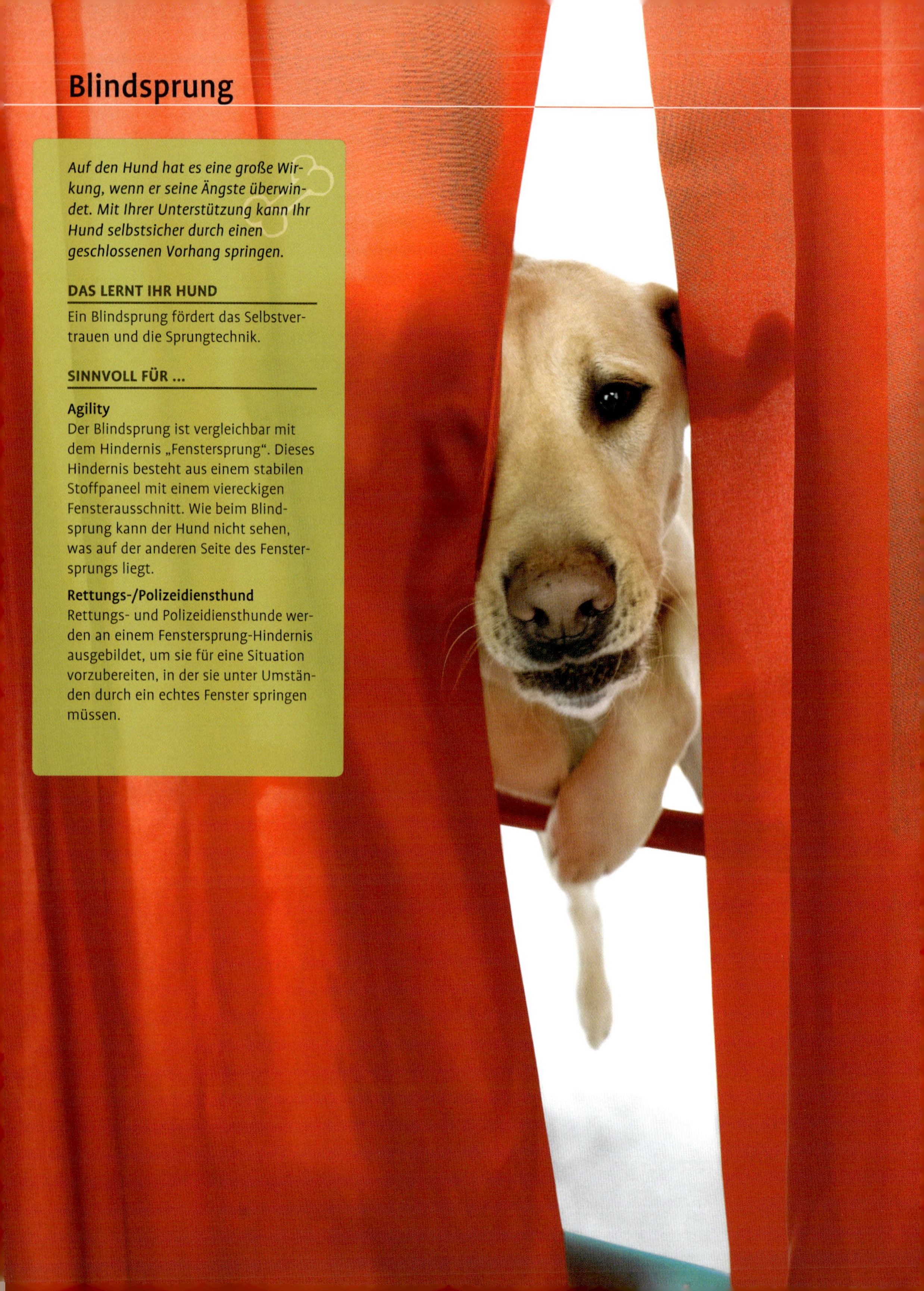

UND SO GEHT'S:

1 Bringen Sie Ihrem Hund als Erstes den Hürdensprung bei (Seite 104). Ziehen Sie die Vorhänge Ihres Blindsprungs ganz auf und binden Sie sie an beiden Seiten des Rahmens fest, damit sie sich nicht bewegen. Locken Sie Ihren Hund mit einem Leckerli durch den Rahmen.

2 Stellen Sie eine niedrige Hürde direkt vor Ihrem Blindsprung auf und lassen Sie Ihren Hund über die Hürde und durch den Rahmen des Blindsprungs springen.

3 Binden Sie die Vorhänge los, aber lassen Sie sie offen. Jetzt darf Ihr Hund über die Stange und durch den Blindsprung springen. Ziehen Sie nach jedem Sprung die Vorhänge etwas mehr zu.

4 Ziehen Sie die Vorhänge schließlich ganz zu. Dabei sollte noch ein winziger Schlitz offenstehen, damit Ihr Hund weiß, wohin er springen soll.

Tipp

Üben Sie jeden Schritt dieser Übung gründlich und überstürzen Sie nichts. Die Übung macht Ihren Hund selbstsicher.

Das brauchen Sie

Bauen Sie einen Rahmen aus Kunststoffrohr für Ihren Blindsprung. Befestigen Sie einen leichten, geteilten Stoffvorhang. Sie können auch ein Stück Stoff oder Zeitungspapier an einem großen Reifen befestigen.

Für Profis

Sacktunnel
Seite 22

Gedächtnisspiel

Verbessern Sie Merkfähigkeit und Konzentration Ihres Hundes, indem Sie seine grauen Zellen arbeiten lassen: In welchem Eimer steckt wohl das Leckerli?

DAS LERNT IHR HUND

Dieses Spiel verbessert Merkfähigkeit und Konzentration Ihres Hundes.

SINNVOLL FÜR ...

Apport im Gelände
Bei Apportierprüfungen müssen Hunde sich die Lage mehrerer geschossener Vögel merken, damit sie alle Vögel apportieren können.

UND SO GEHT'S:

1 Stellen Sie zwei identische Eimer mit etwas Abstand zueinander auf. Bringen Sie Ihren Hund ins Sitz (hilfreich ist es, ihn auf einem Podest sitzen zu lassen, Seite 136). Er darf zusehen, wie Sie ein Leckerli in einen der Eimer legen.

2 Gehen Sie zu Ihrem Hund zurück und lassen Sie ihn das Leckerli holen. Geht er zuerst zum falschen Eimer, soll er nicht noch im anderen Eimer nachsehen. Bringen Sie ihn stattdessen wieder ins Sitz und fangen Sie nochmal von vorn an.

3 Verlängern Sie die Zeitspanne, in der sich Ihr Hund den richtigen Eimer merken muss. Legen Sie ein Leckerli in einen der Eimer, stellen Sie sich zwischen beide Eimer und zählen Sie bis fünf, bevor Sie zu Ihrem Hund zurückgehen und ihn losschicken.

4 Versuchen Sie es mit einem zusätzlichen, dritten Eimer. Das wird für Ihren Hund bedeutend schwieriger. Also lassen Sie ihn nur ganz kurze Zeit warten.

Tipp

Dieses Spiel ist für Hunde überraschend schwierig, ist jedoch eine ausgezeichnete Übung für die Konzentration und Merkfähigkeit.

Das brauchen Sie

Nehmen Sie einen Eimer, den Ihr Hund nicht umstoßen kann. Er sollte groß genug sein, damit Ihr Hund das Leckerli auf dem Boden erreichen kann.

Für Profis

Blindapport
Seite 36

Blindapport

Verbessern Sie das Langzeitgedächtnis Ihres Hundes! Er soll sich merken, wo ein Spielzeug liegt und es anschließend finden.

DAS LERNT IHR HUND

Dieses Spiel verbessert Gedächtnis, Konzentration und Spürsinn Ihres Hundes.

SINNVOLL FÜR ...

Fährtenarbeit/Rettungsdienst
Bei diesem Spiel setzt Ihr Hund seinen Spürsinn ein, um das Spielzeug bzw. Leckerli zu finden. Ihr Hund lernt, von selbst eine Spur zu finden – eine Fähigkeit, die er bei der Fährtenarbeit benötigt.

UND SO GEHT'S

Zeigen Sie Ihrem Hund sein Lieblingsspielzeug (oder ein Futterspielzeug) und legen Sie es auf den Boden. Drehen Sie ihn nun weg vom Spielzeug. Sagen Sie ganz „OK!" und lassen Sie ihn seine Belohnung holen. Im nächsten Schritt legen Sie das Spielzeug an eine andere Stelle und führen Ihren Hund etwas weiter weg.

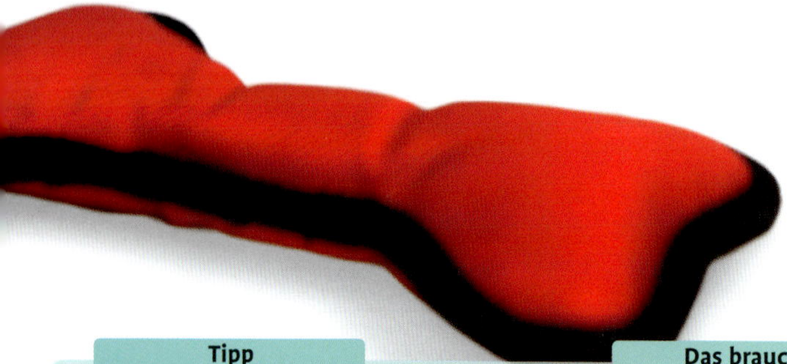

Tipp

Bauen Sie den Abstand zum Objekt ganz allmählich auf, damit Ihr Hund sein Erfolgserlebnis bekommt. Dadurch will er es bei jeder Wiederholung immer noch ein bisschen besser machen. Schließlich können Sie ihn über eine längere Distanz blind apportieren lassen.

Das brauchen Sie

Verwenden Sie einen Gegenstand, den Ihr Hund unbedingt haben möchte – ein Spielzeug oder Futter. Futter sollte in einen Behälter wie ein Futterspielzeug oder eine Schüssel gelegt werden, damit Sie wissen, ob Ihr Hund auf der richtigen Spur ist ...

Für Profis

Schatzsuche
Seite 48

Leckerli unter einer Decke

Bei diesem Spiel muss Ihr Hund austüfteln, wie er an das unter einer Decke versteckte Spielzeug oder Leckerli kommt.
Dieses Spiel stellt die Konzentration und logischen Fähigkeiten Ihres Hundes auf die Probe.

SINNVOLL FÜR ...

Rettungsdienst
Dieses Spiel wird häufig eingesetzt, um Trieb und Ausdauer eines potenziellen Rettungshundes zu testen. Ein guter Rettungshundekandidat wird wiederholt Anstrengungen unternehmen, um an sein Spielzeug zu kommen, ohne das Interesse zu verlieren.

UND SO GEHT'S

Lassen Sie Ihren Hund an einem Futterspielzeug schnuppern, um sein Interesse zu wecken. Legen Sie es auf den Boden und decken Sie es mit einer Decke zu. Fordern Sie Ihren Hund mit „Hol's!" auf. Wenn er das Spielzeug schließlich aufdeckt, lassen Sie ihn das Leckerli als Belohnung haben.

Tipp

Manche Hunde gehen dabei hartnäckiger vor als andere. Verliert Ihr Hund das Interesse, heben Sie schnell einen Zipfel der Decke an, damit er das Spielzeug sehen kann und legen Sie die Decke wieder zurück.

Das brauchen Sie

Verwenden Sie eine Belohnung, die Ihr Hund gern mag, wie z.B. ein gefülltes Futterspielzeug. Die Belohnung sollte so groß sein, dass Ihr Hund sie unter der Decke spüren kann und so stark riechen, dass Ihr Hund sie unbedingt finden will.

Für Profis

Knoten im Handtuch *Seite 47*

Logiktest

Bei diesem Logiktest soll Ihr Hund an einer Schnur ziehen, um einen Keks unter dem Sofa hervorzuholen.

DAS LERNT IHR HUND

Mit diesem Spiel werden logische Fähigkeiten, Konzentration und Ausdauer auf die Probe gestellt.

SINNVOLL FÜR ...

Intelligenz
Logikspiele fordern die kleinen grauen Zellen Ihres Hundes, weil er überlegen muss, um ein bestimmtes Ziel zu erreichen. Von einer solchen geistigen Anregung profitiert jeder Hund.

UND SO GEHT'S:

1 Binden Sie eine dicke Schnur um einen Hundekeks. Ihr Hund darf dabei zusehen, wie Sie den Keks etwa 45 cm unter das Sofa schieben. Die Schnur sollte gut sichtbar auf dem Boden liegen.

2 Ihr Hund wird verschiedene Strategien ausprobieren, um an den Keks zu kommen, wie z.B. seine Schnauze unter das Sofa zu stecken und unter dem Sofa zu pföteln.

3 Lassen Sie nach einer Minute Ihren Hund dabei zusehen, wie Sie die Schnur vorziehen, bis das Leckerli sichtbar wird. Aber geben Sie Ihrem Hund das Leckerli nicht. Wiederholen Sie das Ganze ein zweites Mal. Auch dieses Mal bekommt der Hund das Leckerli nicht.

4 Warten Sie bei der dritten Wiederholung, bis Ihr Hund von allein darauf kommt, dass er selbst an der Schnur ziehen muss. Vielleicht müssen Sie auf die Schnur zeigen oder sie bewegen, damit bei ihm der Groschen fällt.

Tipp

Dieses kurzweilige 10-Minuten-Spiel ist ideal für Regentage. Ihr Hund braucht vielleicht einige Male, bevor er weiß, wie er die Schnur ziehen muss. Sobald er es begriffen hat, wird er gerne Hundekekse zu sich herziehen.

Das brauchen Sie

Verwenden Sie einen knusprigen Hundekeks, der zerbricht, sobald Ihr Hund draufbeißt – nicht, dass er versehentlich die Schnur mit verschluckt. Passen Sie immer gut auf und lassen Sie ihn nicht an der Schnur kauen.

Für Profis

Leckerli-Angeln *Seite 40*

Leckerli-Angeln

Ein Seil mit einem Leckerli an einem Ende hängt über dem Balkon. Kommt Ihr Hund darauf, wie er am Seil ziehen muss, um an das Leckerli zu kommen? Falls nicht, ziehen Sie das Seil weit genug hoch, damit er das Leckerli sieht und riecht!

DAS LERNT IHR HUND

Bei diesem Spiel sind die logischen Fähigkeiten, Konzentration und Ausdauer des Hundes gefragt.

SINNVOLL FÜR ...

Intelligenz
Ihr Hund muss vielleicht mehrere Versuche unternehmen, um herauszufinden, wie er an das Leckerli kommt – hat er es aber einmal begriffen, dann wird er sehr stolz auf sich sein! Durch Logikspiele lernt Ihr Hund, dass er verschiedene Möglichkeiten ausprobieren muss, um ein Ziel zu erreichen. Diese geistige Stimulation steigert die Intelligenz Ihres Hundes.

UND SO GEHT'S:

1 Dieses Spiel übt man am besten mit dem Hund hinter einem Treppen- oder Balkongeländer. Befestigen Sie ein Leckerli (in einem Behälter) am Ende des Seils. Zeigen Sie Ihrem Hund das Leckerli und lassen Sie dann das Seil etwa 50 cm über den Rand hängen.

2 Ihr Hund beißt oder scharrt vielleicht an dem Seil. Belohnen Sie jeden Versuch, indem Sie das Seil ein paar Zentimeter zu ihm hochziehen.

3 Sobald er es schafft, den Leckerlibehälter hochzuziehen, öffnen Sie diesen und lassen ihn das Leckerli daraus fressen. Es ist wichtig, dass er die Belohnung aus dem Behälter bekommt und kein anderes Leckerli aus Ihrer Tasche.

4 Hat Ihr Hund das Ganze begriffen, lassen Sie ihn das Seil ganz alleine hochziehen. Irgendwann wird Ihr Hund vermutlich das Seil mit dem Maul packen und rückwärts gehen, dabei zieht er das Leckerli hoch.

Tipp

Durch Versuch und Irrtum findet Ihr Hund heraus, wie er ans Leckerli kommt. Machen Sie sich keine Gedanken, wenn Ihr Hund es nicht gleich begreift ... lassen Sie ihm Zeit, es allein herauszufinden.

Das brauchen Sie

Verwenden Sie ein etwa 2 cm dickes Seil. Die Papprolle einer Toilettenpapierrolle kann man gut als Futterbehälter am Seil befestigen. Spielen Sie dieses Spiel oben an einem Treppenabsatz, das Seil hängt zwischen den Geländerstreben herunter. Zum Schutz vor Kratzern sollten Sie auf Ihrer Treppe eine Fußmatte auslegen.

Für Profis

Logiktest
Seite 38

Schau mir in die Augen ...

Sieht Ihr Hund Ihnen in die Augen, dann haben Sie seine volle Aufmerksamkeit. In diesem Spiel lernt Ihr Hund, sich auf Ihre Augen zu konzentrieren.

DAS LERNT IHR HUND

Bei diesem Spiel lernt der Hund Konzentration und Selbstbeherrschung.

SINNVOLL FÜR ...

Grundlagen
Ihrem Hund beizubringen, sich auf Sie zu konzentrieren, ist die Grundlage jeglichen Trainings. Konzentrationsübungen gehören zu den Grundlagen, die in praktisch jeder Hundesportart geübt werden.

Selbstvertrauen
Unsichere Hunde trauen sich unter Umständen nicht, Ihnen in die Augen zu sehen, weil sie möglicherweise eine Konfrontation vermeiden möchten. Diese Übung ist besonders für solch unsichere Hunde hilfreich.

UND SO GEHT'S:

1 Knien Sie sich hin, sodass Sie auf Höhe Ihres Hundes sind. Halten Sie ein Leckerli auf Augenhöhe Ihres Hundes.

2 Bewegen Sie das Leckerli langsam rückwärts in Richtung Ihrer Augen. Sagen Sie in ruhigem Tonfall „Schau".

3 Sobald Ihr Hund ein oder zwei Sekunden lang den Augenkontakt hält, loben Sie ihn mit „Gut!" und geben ihm das Leckerli. Belohnen Sie ihn, bevor er das Interesse verliert und wegsieht.

4 Lassen Sie das Leckerli weg und arbeiten Sie stattdessen mit dem erhobenen Zeigefinger zwischen Ihren Augen und dem Wort „Schau" als Ihrem Kommando. Hält Ihr Hund den Augenkontakt, sagen Sie „Gut!" und geben ihm ein Leckerli. Mit zunehmendem Fortschritt können Sie einen längeren Augenkontakt von ihm erwarten, bevor Sie ihn belohnen.

Tipp

Machen Sie es sich zur Gewohnheit, zuerst einen Augenblick ruhiger Aufmerksamkeit vor Routinedingen einzufordern, wie z.B. an der Haustür vor dem Gassigehen oder an der Futterschüssel vor dem Fressen. Sobald Ihr Hund ein oder zwei Sekunden lang den Augenkontakt hält, geben Sie ihm seine Belohnung. Dadurch lernt Ihr Hund ruhiges Verhalten.

Das brauchen Sie

Tragen Sie keine Sonnenbrille. Es kann hilfreich sein, wenn Sie hinknien, damit Ihr Hund Ihnen leichter in die Augen sehen kann.

Für Profis

Balancieren & Fangen *Seite 44*

Dem ausgestreckten Finger folgen *Seite 130*

Balancieren & Fangen

In diesem Spiel werden Konzentration und Selbstbeherrschung belohnt, während Ihr Hund einen Keks auf seiner Nase balanciert.

DAS LERNT IHR HUND

Bei diesem Spiel lernt Ihr Hund Konzentration und Selbstbeherrschung.

SINNVOLL FÜR …

Selbstbeherrschung
Hier übt sich Ihr Hund in Selbstbeherrschung, während er gleichzeitig lernt, konzentriert bei seiner Aufgabe zu bleiben – obwohl eine riesige Versuchung buchstäblich auf seiner Nase liegt!

UND SO GEHT'S:

1 Beginnen Sie mit Ihrem Hund im Sitz. Halten Sie sanft seine Schnauze parallel zum Boden fest und legen Sie ein Leckerli auf seinen Nasenrücken. Sagen Sie mit leiser Stimme „Waaaaaarten".

2 Lenken Sie mit Ihrem erhobenen Zeigefinger seine Aufmerksamkeit auf sich. Lassen Sie langsam seine Schnauze los.

3 Nachdem Ihr Hund eine Sekunde in dieser Stellung verharrt hat, sagen Sie das Auflösewort „Fang!".

4 Probieren Sie mit zunehmendem Fortschritt aus, ob Ihr Hund diese schwierige Position länger halten kann. Oder lassen Sie ihn unterschiedliche Gegenstände auf seiner Nase balancieren. Arbeiten Sie weiterhin mit erhobenem Zeigefinger.

Tipp

Der Zweck dieses Spiels ist es, Konzentration und Selbstbeherrschung Ihres Hundes zu verbessern. Es ist nicht wichtig, ob er das Leckerli fängt, das er von seiner Nase geschnipst hat (obwohl manche Hunde dies können!).

Das brauchen Sie

Kurznasigen Rassen fällt es schwerer, ein Leckerli zu balancieren. Machen Sie es einfacher für Ihren Hund, indem Sie ein biegsames Leckerli wie eine nasse Nudel oder einen Wurststreifen verwenden.

Für Profis

Seifenblasen
Seite 158

Muffinblech

Alle Hunde lieben dieses Spiel! Verstecken Sie Leckerli in einem Muffinblech, decken Sie die Vertiefungen mit Tennisbällen ab und sehen Sie zu, wie Ihr Hund die Leckerli erschnüffelt.

DAS LERNT IHR HUND

Dieses Spiel fördert Spürsinn, logische Fähigkeiten und Konzentration Ihres Hundes.

SINNVOLL FÜR ...

Nasenarbeit
Bei dieser Einführung in die Nasenarbeit lernt Ihr Hund, dass ihm der Einsatz seiner Nase Belohnungen einbringt.

UND SO GEHT'S

Legen Sie drei bis vier Leckerli in ein Muffinblech, jedes in ein separates Fach. Dann kommt in jede Vertiefung des Blechs ein Ball, der das darunter liegende Leckerli abdeckt. Stellen Sie das Blech auf den Boden und lassen Sie Ihren Hund austüfteln, wie er an die Leckerli kommt.

Das haben wir doch schon x-mal gemacht. Hast du's immer noch nicht begriffen?

Tipp

Bei einem sehr stürmischen Hund müssen Sie das Blech unter Umständen festhalten. Legen Sie bei einem unsicheren Hund in jedes Fach ein Leckerli und decken Sie nur die Hälfte davon mit Bällen zu.

Das brauchen Sie

Verwenden Sie ein gewöhnliches Muffinblech und ein Dutzend Tennisbälle.

Für Profis

Kisten-schnüffeln
Seite 50

Knoten im Handtuch

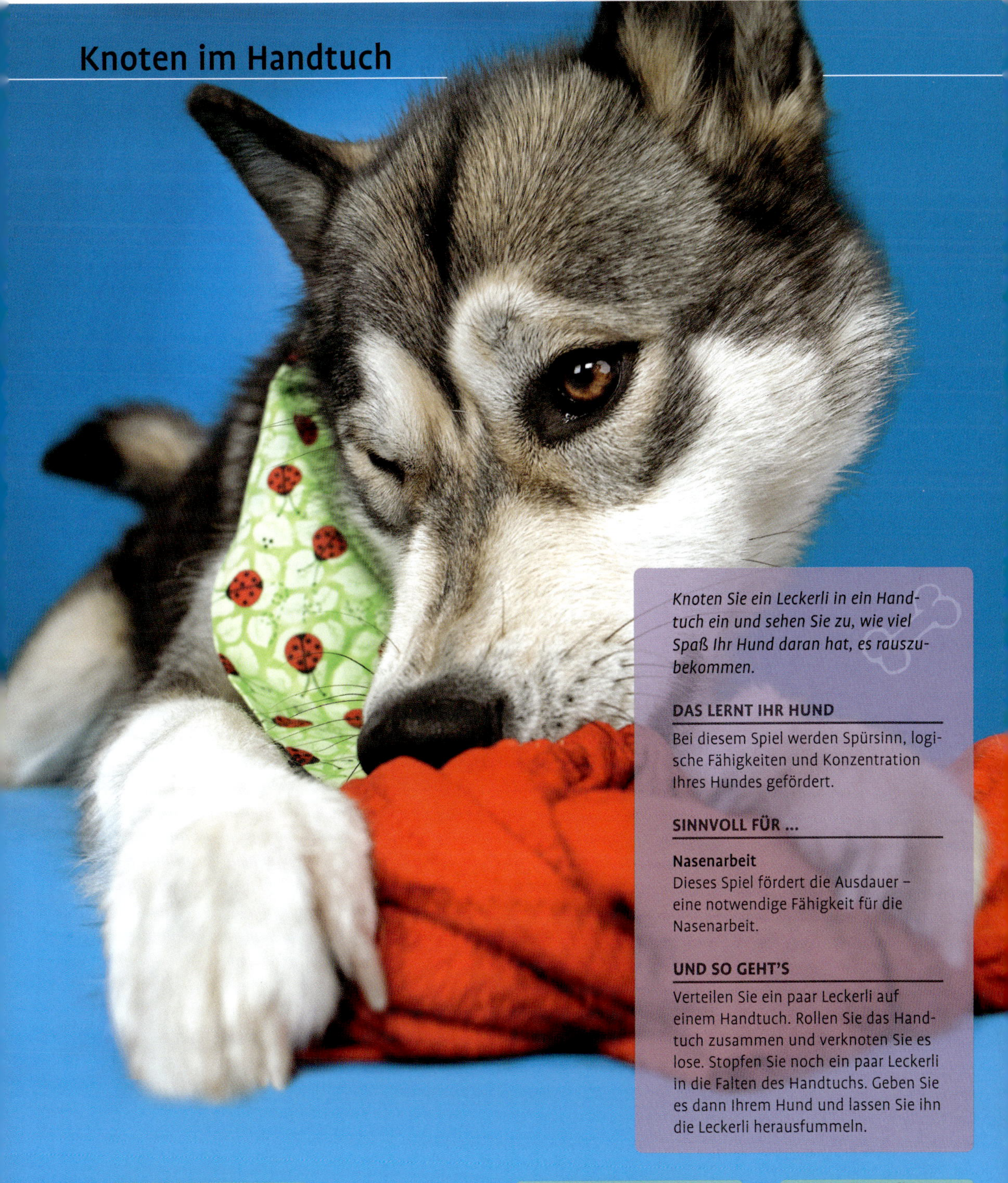

Knoten Sie ein Leckerli in ein Handtuch ein und sehen Sie zu, wie viel Spaß Ihr Hund daran hat, es rauszubekommen.

DAS LERNT IHR HUND

Bei diesem Spiel werden Spürsinn, logische Fähigkeiten und Konzentration Ihres Hundes gefördert.

SINNVOLL FÜR …

Nasenarbeit
Dieses Spiel fördert die Ausdauer – eine notwendige Fähigkeit für die Nasenarbeit.

UND SO GEHT'S

Verteilen Sie ein paar Leckerli auf einem Handtuch. Rollen Sie das Handtuch zusammen und verknoten Sie es lose. Stopfen Sie noch ein paar Leckerli in die Falten des Handtuchs. Geben Sie es dann Ihrem Hund und lassen Sie ihn die Leckerli herausfummeln.

Tipp

Achten Sie darauf, dass Ihr Hund nicht das Handtuch frisst. Bei weniger ausdauernden Hunden rollen Sie das Handtuch einfach nur zusammen.

Das brauchen Sie

Verwenden Sie ein Geschirrhandtuch oder schneiden Sie ein altes Handtuch in Streifen.

Für Profis

Leckerli unter einer Decke *Seite 37*

Schatzsuche

Verstecken Sie ein paar Leckerli oder Spielzeuge im Haus und lassen Sie Ihren Hund auf Schatzsuche gehen.

DAS LERNT IHR HUND

Dieses lustige Spiel verbessert Spürsinn, Konzentration sowie Selbstständigkeit beim Aufspüren.

SINNVOLL FÜR …

Nasenarbeit
Bei diesem Spiel lernt Ihr Hund, nach einem Geruch an vielen unterschiedlichen Stellen zu suchen – oben, unten, unter den Möbeln und an ungewöhnlichen Stellen. Das Spiel bereitet ihn auf die Nasenarbeit-Übung „Gebäudesuche" vor.

Rettungsdienst
Die oft langwierige Suche nach dem Zielobjekt setzt voraus, dass Rettungshunde konzentriert und ausdauernd sind. Die „Schatzsuche" ist eine für den Hund interessante Methode, diese Fähigkeiten bei ihm zu entwickeln.

UND SO GEHT'S

Verstecken Sie ein paar Leckerli vor den Augen Ihres Hundes. Zeigen Sie darauf und fordern Sie ihn mit „Such!" auf, sie zu „finden". Machen Sie es schwieriger für ihn, indem Sie Leckerli in unterschiedlicher Höhe, also unter dem Sofa, auf dem Regal, in mehreren Räumen und an ungewöhnlichen Stellen verstecken. Ihr Hund hat mit Sicherheit großes Vergnügen daran, im Haus herumzurennen und alle zu erschnüffeln!

Tipp

Ist Ihr Hund etwas verwirrt, ermuntern Sie ihn und zeigen auf das Leckerli. Achten Sie darauf, dass Ihr Hund immer ein Erfolgserlebnis hat, auch wenn es schwieriger wird. Es sollte nicht so weit kommen, dass er frustriert aufgibt.

Das brauchen Sie

Wenn Ihr Hund ein ganz bestimmtes Spielzeug sehr mag, verstecken Sie dieses als Schatz. Ansonsten nehmen Sie kleine Leckerli wie Trockenfutter oder Hundekekse. Als „Diätleckerli" können Sie auch Obst und Gemüse nehmen (z.B. Karotten, gekochte Kartoffelstücke, kleine Apfelschnitze).

Für Profis

Muffinblech
Seite 46

In welcher Hand ist das Leckerli?

Verstecken Sie ein Leckerli in einer Hand. Schließen Sie beide Hände zur Faust und fragen Sie Ihren Hund „Welche Hand?“.

DAS LERNT IHR HUND

Bei diesem Spiel lernt Ihr Hund, seine Nase einzusetzen und logische Fähigkeiten sowie Konzentration.

SINNVOLL FÜR ...

Nasenarbeit
Bei diesem Spiel lernt Ihr Hund, dass er belohnt wird, wenn er seine Nase einsetzt.

UND SO GEHT'S

Verstecken Sie ein Leckerli in einer Faust. Halten Sie Ihrem Hund dann aber beide Fäuste hin. Stupst Ihr Hund mit seiner Nase die richtige Faust an, öffnen Sie sie und lassen Sie ihn das Leckerli fressen. Stupst er die falsche Faust an, öffnen Sie sie und zeigen ihm, dass sie leer ist. Warten Sie (nicht zur Strafe, nur zur Übung!) etwa zehn Sekunden, bevor Sie das Spiel erneut versuchen.

Tipp

Dieser Trick zählt zu den Lieblingstricks aller Hunde! Knabbert Ihr Hund an Ihrer Hand, geben Sie ihm die Belohnung nicht. Ziehen Sie Ihre Hände kurz zurück. Wenn Sie sie ihm wieder hinstrecken, sagen Sie „Vorsichtig“.

Das brauchen Sie

Verwenden Sie stark riechende Leckerli wie Würstchen, Hühnchen, Schinken oder Käse.

Für Profis

Hütchenspiel
Seite 52

Kistenschnüffeln

Ein Hund braucht Selbstsicherheit, um eigenständig zu arbeiten. Bei diesem Nasenarbeitsspiel hält sich der Mensch im Hintergrund, während der Hund die Kisten abschnüffelt, um diejenige zu finden, die einen bestimmten Geruch enthält.

DAS LERNT IHR HUND

Diese Übung testet Spürsinn, Konzentration und die Bereitschaft zum selbstständigen Jagen.

SINNVOLL FÜR ...

Nasenarbeit
Dieses Kistenschnüffelspiel ist eine der Grundlagen für die Nasenarbeit.

Spürhund
Nasenarbeit wird von der Arbeit abgeleitet, die von Spürhunden (wie Bomben- oder Rauschgiftsuchhunde) ausgeführt wird. Auch sie müssen viele Behälter auf einen Zielgeruch hin absuchen.

UND SO GEHT'S:

1 Stellen Sie drei bis sechs offene Kisten hin. Legen Sie ein paar stark riechende Leckerli in einer Tasche oder einem belüfteten Behälter hinein (damit Ihr Hund sie nicht fressen kann). Verstecken Sie den Leckerlibehälter in einer der Kisten und vertauschen Sie sie untereinander, damit Ihr Hund nicht „weiß", in welcher Kiste das Zielobjekt ist.

2 Fordern Sie mit dem Kommando „Such!" Ihren Hund zum Suchen auf. Sprechen Sie nicht, während Ihr Hund sucht, da es ihn ablenkt. Braucht Ihr Hund Ermutigung, untersuchen Sie selbst wie nebenbei die Kisten.

3 Sobald Ihr Hund Interesse an der richtigen Kiste zeigt, loben Sie ihn überschwänglich und geben Sie ihm ein Leckerli. (Geben Sie ihm das Leckerli immer neben der richtigen Kiste).

4 Erhöhen Sie den Schwierigkeitsgrad, indem Sie die Kisten ganz (oder teilweise) verschließen. Machen Sie Löcher in die Kisten, damit Ihr Hund die Leckerli in der Kiste riechen kann.

Tipp

Nasenarbeit ist Teamarbeit. Ihr Hund entdeckt den Zielgeruch und Sie lesen seine Körpersprache, um zu wissen, wann er ihn gefunden hat. Beobachten Sie Ihren Hund und lernen Sie, auf subtile Körper- oder Atemveränderungen zu achten, die anzeigen, dass er die Spur seines Ziels aufgenommen hat.

Das brauchen Sie

Zu diesem Spiel eignen sich viele Behälter: Kartons, Lebensmittelbehälter aus Kunststoff mit Löchern oder umgedrehte Blumentöpfe. Hilfreich ist es, wenn die Behälter alle identisch aussehen, das ist aber kein Muss.

Für Profis

Hütchenspiel
Seite 52

Hütchenspiel

Bei diesem Klassiker wird ein Ball oder ein Leckerli unter einen der drei Eimer gelegt. Die Eimer werden untereinander vertauscht und Ihr Hund zeigt an, unter welchem Eimer der Ball versteckt ist.

DAS LERNT IHR HUND

Bei diesem Spiel lernt Ihr Hund, Witterung aufzunehmen und sich zu konzentrieren.

SINNVOLL FÜR …

Nasenarbeit
Das Hütchenspiel ähnelt dem Kistenschnüffeln (Seite 50), das bei der Nasenarbeit im Hundesport eingesetzt wird. Mit diesem Spiel entwickelt sich der Geruchssinn Ihres Hundes und gleichzeitig lernt er dabei, methodisch vorzugehen.

Manchmal hab ich's eilig und dann werfe ich alle Eimer gleichzeitig um.

UND SO GEHT'S:

1 Beginnen Sie mit nur einem Eimer. Lassen Sie Ihren Hund dabei zusehen, wie Sie ein Leckerli auf den Boden legen und den Eimer darüberstülpen.

2 Geben Sie das Kommando „Such!". Stupst er den Eimer mit der Schnauze oder Pfote an, sagen Sie „Gut!" und heben den Eimer hoch, um ihn mit dem Leckerli zu belohnen.

3 Nehmen Sie nochmals zwei Eimer hinzu. Unter Umständen müssen Sie sie festhalten, damit Ihr Hund sie nicht umwirft. Zeigt Ihr Hund den falschen Eimer an, heben Sie ihn nicht hoch, sondern fordern ihn auf, weiterzusuchen.

4 Interessiert sich Ihr Hund sehr für den richtigen Eimer, sagen Sie „Gut!" und heben ihn hoch.

Tipp

Anfangs kann dieses Spiel Ihren Hund verwirren – reagieren Sie geduldig und sagen Sie niemals „Nein". Verliert Ihr Hund das Interesse, heben Sie schnell den Eimer hoch, um ihm das Leckerli zu zeigen und stellen Sie den Eimer wieder zurück. Beenden Sie das Spiel immer mit einem Erfolgserlebnis, damit Ihr Hund motiviert bleibt!

Das brauchen Sie

Verwenden Sie drei identische Eimer mit einem Loch im Boden, damit der Hund den Inhalt leicht riechen kann. Schwere Tontöpfe funktionieren gut, da sie ein Loch im Boden haben und nicht so schnell umkippen.

Für Profis

Geruchsdifferenzierung
Seite 54

Geruchsdifferenzierung

Bei diesem Spiel soll Ihr Hund einen bestimmten Ball finden, der Ihren Geruch trägt.

DAS LERNT IHR HUND

Bei diesem Spiel werden Geruchssinn, Konzentration und Selbstständigkeit beim Jagen trainiert.

SINNVOLL FÜR …

Obedience
Obedience-Wettbewerbe für Fortgeschrittene beinhalten eine Geruchsdifferenzierungsprüfung, die diesem Spiel ähnelt. Anstatt Tennisbällen werden Hölzer verwendet.

Fährtenarbeit
Beim Fährten muss der Hund dem Geruch einer bestimmten Person folgen, selbst wenn Gerüche von anderen Personen vorhanden sind. Bei dem Geruchsdifferenzierungsspiel lernt Ihr Hund, einer bestimmten Geruchsspur zu folgen.

UND SO GEHT'S:

1 Beginnen Sie damit, Ihrem Hund das Bring (Seite 144) beizubringen. Legen Sie drei neue Bälle aus, aber fassen Sie nur einen davon an. Reiben Sie ihn zwischen Ihren Handflächen. Denken Sie daran, den Ball zu kennzeichnen, damit Sie wissen, welcher der Geruchsträger ist!

2 Zeigen Sie auf die Bälle und geben Sie Ihrem Hund das Kommando „Finde meins, bring's!". Bringt Ihr Hund einen falschen Ball, zeigen und schauen Sie auf die anderen Bälle und fordern Sie ihn weiter auf mit „Finde meins!"

3 Sobald Ihr Hund den richtigen Ball ins Maul nimmt, locken Sie ihn zu sich zurück und sagen „Gut gemacht, bring's her". Geben Sie ihm ein Leckerli, wenn er den richtigen Ball bringt.

4 Nehmen Sie nach kurzer Zeit mehr Bälle hinzu. Sobald Ihr Hund Sinn und Zweck der Übung verstanden hat, sprechen Sie am besten nichts, während er sucht. Ihr Schweigen bedeutet, dass Sie ihm zutrauen, selbstständig zu arbeiten.

Tipp

Manche Hunde begreifen dieses Spiel innerhalb von zehn Minuten. Alle Hunde jedoch haben Phasen, in denen sie auch Rückschritte machen. Dies ist aber Teil des Lernprozesses. Seien Sie also nicht enttäuscht und machen Sie Ihrem Hund keinen Vorwurf, dass er die falsche Wahl trifft. Ermuntern Sie ihn stattdessen, zurückzugehen und den richtigen Ball zu finden.

Das brauchen Sie

Die Tennisbälle müssen geruchlos sein. Fassen Sie sie also nur mit der Zange an und lüften Sie sie einen Tag lang zwischen den Übungen. Verwenden Sie einen Reifen, um die Bälle in Schach zu halten.

Für Profis

Fährten
Seite 58

Meldehund
Seite 60

Verstecken

Bei diesem Regentagspiel verstecken Sie sich und Ihr Hund setzt seine Nase ein, um Sie zu finden. Auch Kinder können dabei gut mitspielen!

DAS LERNT IHR HUND

Bei diesem Spiel sind Geruchssinn und Konzentration gefragt.

SINNVOLL FÜR …

Fährtenarbeit
Dieses Spiel ist für Ihren Hund der Einstieg in die Fährtenarbeit. Er lernt, seine Nase zu benutzen, um nach einem Menschen zu suchen.

UND SO GEHT'S:

1 Ihr Hund wird liebend gern nach Menschen suchen, zu denen er eine enge Bindung hat, wie z.B. nach Familienmitgliedern. Halten Sie Ihren Hund fest, während die andere Person sich in der Nähe versteckt, vielleicht hinter einem Möbelstück.

2 Geben Sie Ihrem Hund das Kommando „Such (Name der Person)!" Die Person, die sich versteckt hat, kann Ihrem Hund helfen, indem sie ihn ruft. Findet der Hund die versteckte Person, gibt ihm diese ein Leckerli.

3 Gehen Sie allmählich zu schwierigeren Verstecken über, wie z.B. hinter einer offenen Tür, in der Dusche oder in einem halb geöffneten Schrank. Belohnen Sie Ihren Hund immer mit einem Leckerli oder einer begeisterten Spieleinlage dafür, dass er sein Ziel gefunden hat.

4 Ihr Hund lernt, seine Nase zum Aufspüren von Personen einzusetzen. Er wird sogar in der Lage sein, den Weg aufzuspüren, den die Person zu ihrem Versteck gegangen ist. Sie können natürlich versuchen, Ihren Hund auszutricksen, indem Sie erst in verschiedene Zimmer gehen, bevor Sie Ihr endgültiges Versteck aufsuchen!

Tipp

Schwieriger wird's, wenn der Hund seine Belohnung von der einen Person bekommt und sich die andere Person gleichzeitig versteckt – so können Sie mit vertauschten Rollen spielen.

Für Profis

Meldehund
Seite 60

Fährtenarbeit

Ihr Hund besitzt eine erstaunliche Nase. Bringen Sie ihm bei, sie zur Spurensuche eines Menschen einzusetzen.

DAS LERNT IHR HUND

Beim Fährten lernt Ihr Hund, Witterung aufzunehmen, sich zu konzentrieren und Selbstständigkeit beim Jagen.

SINNVOLL FÜR ...

Fährtenarbeit
Fährten ist eine eigene Sportart und ebenfalls Bestandteil von Wettbewerben im Vielseitigkeitssport. Bei Fährtenturnieren geht ein Fährtenleger über ein Gelände und lässt unterwegs mehrere Objekte fallen. Der Hund muss die Objekte finden (und durch Abliegen anzeigen), ebenso wie die Person bzw. den Gegenstand am Fährtenende.

Rettungsdienst
Rettungshunde müssen in der Lage sein, einer Geruchsspur von etwa 1,6 km Länge zu folgen.

UND SO GEHT'S:

1 Lassen Sie Ihren Hund im Auto warten, während Sie eine etwa 50 m lange gerade Strecke laufen und dabei mit den Füßen über den Boden schlurfen. Lassen Sie beim Laufen alle paar Schritte Leckerli fallen.

2 Legen Sie am Ende der Spur eine große Belohnung, wie z.B. einen großen Hundekeks oder ein Lieblingsspielzeug, ab.

3 Starten Sie am Anfang der Spur. Zeigen Sie ihm das erste Leckerli und lassen Sie sich von ihm die Spur entlangziehen, während er die Leckerli vertilgt.

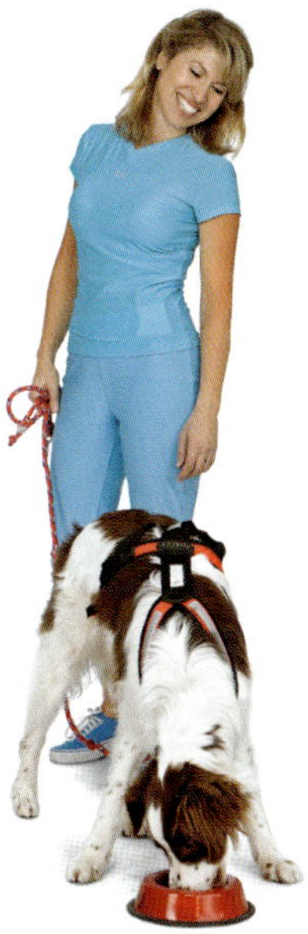

4 Am Spurende findet er seine große Belohnung!

Tipp

Weicht Ihr Hund von der Spur ab, kann es sein, dass der Geruch vom Wind getragen wird und Ihr Hund dennoch der Spur folgt. Mit zunehmendem Fortschritt können Sie die Leckerli in größeren Abständen auslegen und kleine Biegungen in Ihre Fährte einbauen.

Das brauchen Sie

Legen Sie Ihrem Hund ein Geschirr an und verwenden Sie eine lange Leine. Auf feuchtem Gras wird es einfacher für Ihren Hund, der Spur zu folgen, da dieses den Geruch länger hält. Verwenden Sie Fähnchen als Markierung für den Weg, den Sie gegangen sind.

Für Profis

Blindapport
Seite 36

Meldehund
Seite 60

Meldehund

Bei diesem Spiel befördert Ihr Hund eine geheime Nachricht zwischen zwei Menschen, wie es die richtigen Meldehunde im Krieg einst machten.

DAS LERNT IHR HUND

Dieses nützliche Spiel fördert Spürsinn, Selbstvertrauen, Selbstständigkeit beim Jagen und Konzentration Ihres Hundes.

SINNVOLL FÜR …

Meldehundwettbewerb
Bei der nach traditionellem Muster an den Aufgaben für Meldehunde im Krieg ausgerichteten Sportart befördert der Hund eine Nachricht an seinem Halsband zwischen zwei Personen hin und her. Bei den Wettbewerben geht es auf Zeit und der schnellste Hund gewinnt.

UND SO GEHT'S:

1 Spielen Sie dieses Spiel mit einer weiteren Person, zu der Ihr Hund eine enge Beziehung hat. Beginnen Sie in einer für den Hund alltäglichen Umgebung, also bei Ihnen Zuhause oder im Garten. Sie und die andere Person gehen ein Stück auseinander. Dann schicken Sie den Hund mit „Such (Name der Person)!" zu der anderen Person.

2 Beim Näherkommen des Hundes sollte der „Empfänger" der Nachricht in die Hände klatschen und den Hund zum Herkommen auffordern. Sobald der Hund beim „Empfänger" ankommt, lobt ihn dieser überschwänglich und gibt ihm ein paar Leckerli.

3 Steigern Sie jetzt den Schwierigkeitsgrad. Lassen Sie die andere Person Ihren Hund halten, während Sie davonlaufen und um eine Ecke verschwinden. Findet Ihr Hund Sie immer noch?

4 Nachdem Sie Ihren Hund losgeschickt haben, nutzen Sie die Gelegenheit und verstecken sich selbst an einer neuen Stelle. Spielen Sie dieses Spiel einfach weiter und schicken Sie Ihren Hund zwischen Leuten hin und her.

Tipp

Mit zunehmender Entfernung verlässt sich Ihr Hund immer mehr auf seinen Geruchssinn, um Sie zu finden, und verfolgt den Weg, den Sie gegangen sind.

Das brauchen Sie

Für dieses Spiel brauchen Sie eigentlich nichts. Hilfreiche Gegenstände können jedoch eine knallorange Hundeweste, ein Behälter für die Nachricht am Halsband, und bei weiter Entfernung ein GPS-Halsband und Mobil- bzw. Funktelefone sein.

Für Profis

Blindapport
Seite 36

Massage

Massage bereitet Ihrem Hund körperliches Wohlbefinden und bringt ihn dazu, sich zu entspannen.

DAS LERNT IHR HUND

Massage fördert die Entspannung, Bindung und Konzentration Ihres Hundes.

SINNVOLL FÜR ...

Reha
Massage lockert verspannte Muskeln und bringt Erleichterung bei Schmerzen auf Grund altersbedingter Arthritis, Hüftgelenksdysplasie und anderen Muskel- oder Gelenkschmerzen.

Bindung
Massage reduziert Stress und trägt dazu bei, dass sich Ihr Hund bei Berührung durch den Menschen wohlfühlt (was wiederum eine Hilfe beim Krallenschneiden und bei der Körperpflege ist).

Leistungssport
Hundeathleten profitieren von einer Massage, die sie sowohl körperlich wie geistig entspannt.

UND SO GEHT'S:

1 Fangen Sie damit an, die Muskeln Ihres Hundes zu lockern. Streichen Sie sanft mit der flachen Hand über seinen Körper vom Kopf bis zur Rute. Kraulen Sie ihn hinter den Ohren, massieren Sie ihn an Wangen und Kinn, auf dem Nasenrücken und zwischen den Augen.

2 Üben Sie mit kleinen, kreisförmigen Bewegungen leichten Druck auf die Muskelpartien aus. Massieren Sie mit jeweils drei Fingern seine Läufe beidseits nach oben und nach unten. Wenn Sie sich weiter in Richtung Hals, Schulter und Brust vorarbeiten, schieben Sie sanft eine kleine Hautfalte vor sich her.

3 Streichen Sie mit Daumen und Zeigefinger an der Wirbelsäule entlang – nicht direkt *auf* der Wirbelsäule, sondern entlang der langen Muskeln beidseits der Wirbelsäule. Setzen Sie nur die Fingerkuppen Ihrer Hand auf den Körper Ihres Hundes und bewegen Sie die Hand – und damit die Haut – in kleinen Bewegungen hin und her. Machen Sie das am ganzen Körper.

4 Massieren Sie mit gleichmäßig sanftem und festem Druck seine Rute vom Ansatz bis zur Spitze, aber ohne daran zu ziehen. Beenden Sie die Massage mit den langen und langsamen Streichbewegungen wie zu Beginn. Wenn alles gutgeht, stellen sie womöglich fest, dass Sie Ihren Hund nach der Zehn-Minuten-Sitzung in den Schlaf massiert haben!

Tipp

Führen Sie nur eine leichte und sanfte Massage durch. Eine gezielte Druck- oder Tiefenmassage sollte nur ein geübter Tierarzt oder Hundephysiotherapeut durchführen. Drücken Sie nicht auf den Magen Ihres Hundes.

Das brauchen Sie

Lassen Sie Ihren Hund auf einer weichen, aber stabilen Unterlage liegen.

Für Profis

Doga
Seite 64

Doga

Doga ist eine Kombination aus Massage und Meditation mit sanften Dehnübungen für Hund und Mensch. Nutzen Sie diese Gelegenheit, um Ihre gegenseitige Beziehung zu vertiefen.

DAS LERNT IHR HUND

Doga fördert die Entspannung, Bindung und Konzentration Ihres Hundes.

SINNVOLL FÜR …

Doga
Beim Doga werden die Menschen dazu ermuntert, den Hund in ihre Yoga-Übungen mit einzubeziehen, wodurch die Entspannung und Beziehung von Hund und Mensch gefördert wird.

UND SO GEHT'S:

1 Während Sie Ihre Doga-Bewegungen ausführen, konzentrieren Sie sich darauf, Ihre Ziele mit denen Ihres Hundes zu vereinen. Es geht nicht darum, Ihrem Hund während des Doga Leckerli zu geben, da diese Ihren Hund eher aufdrehen als entspannen würden.

2 Führen Sie die mentale Energie zwischen Ihnen beiden zusammen. Stellen Sie eine Verbindung zwischen Yogamatte und Ruhe her. Gewöhnen Sie Ihren Hund an die Yogamatte und sitzen Sie einfach ruhig beisammen.

3 Geben und empfangen Sie heilende Energie. Da Hunde Rudeltiere sind, passen sie von Natur aus gut zu der Betonung von Doga auf Harmonie und Verbindung zu anderen Lebewesen.

4 Konzentrieren Sie sich auf die Liebe zwischen Ihnen und Ihrem Hund. Doga lehrt uns, in Gegenwart unserer Hunde präsent zu sein und motiviert uns gleichzeitig, in allen Aspekten unseres Lebens mehr Präsenz und Liebe zu zeigen.

Tipp

Am besten verwendet man hier keine Leckerli, da diese Ihren Hund eher aufdrehen als entspannen. Von Natur aus aufgedrehte Hunde brauchen vielleicht ein paar Sitzungen, bis sie auf die entspannte Atmosphäre ansprechen.

Das brauchen Sie

Eine Yogamatte bietet Polsterung und Halt.

Für Profis

Massage
Seite 62

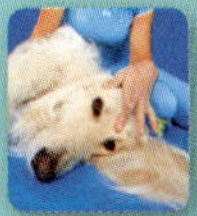

Cavaletti

Dieses ursprünglich aus dem Reitsport stammende Hindernis wird inzwischen zur Gangschulung für Hunde eingesetzt.

DAS LERNT IHR HUND

An den Cavaletti lernt Ihr Hund Koordination, Beherrschung der Hinterhand, Gleichgewicht, Konzentration und Sprunggeschick. Bei der Arbeit an den Cavaletti muss Ihr Hund überlegen, wo er abfußt und was er als nächstes tun muss.

SINNVOLL FÜR ...

Agility
Cavaletti-Übungen werden bei Hunden, die mit der Hinterhand Hürden einreißen, eingesetzt, damit sie lernen, auf Schrittlänge, Takterhalt und korrektes Abfußen zu achten.

Hundeausstellung
Cavaletti sollen für mehr Raumgriff und einen gestreckten Körper während des Gehens sorgen sowie dem Hund die sichere Beherrschung seiner Hinterhand ermöglichen, was wiederum ein sauberes „Platz“ und „Zurück“ zur Folge hat.

UND SO GEHT'S:

1 **Abfußen.** Legen Sie acht Stangen in unterschiedlichen Abständen parallel zueinander auf den Boden und gehen Sie mit Ihrem angeleinten Hund langsam über die Stangen. Gehen Sie in beiden Richtungen über die Stangen und führen Sie den Hund sowohl links als auch rechts. Üben Sie dies fünf Tage lang fünf bis zehn Mal pro Übung.

2 **Takt.** Erhöhen Sie im nächsten Schritt die Stangen und stellen Sie sie in regelmäßigen Abständen auf. Führen Sie Ihren Hund im Schritt oder im langsamen Trab über die Stangen. Er soll über die Stangen steigen, nicht springen! Probieren Sie mit zunehmendem Fortschritt verschiedene Gangarten aus.

3 **Maximale Schrittlänge.** Stellen Sie die Cavaletti in anderthalbfachem Abstand der Widerristhöhe Ihres Hundes auf. Führen Sie Ihren Hund in schnellem Trab über die Cavaletti.

4 Erhöhen Sie die Anzahl der Stangen. Lassen Sie Ihren Hund ein bis zwei Mal am Tag zehn bis fünfzehn Mal über die Cavaletti gehen.

Tipp

Arbeiten Sie ohne Leckerli, da sie Ihren Hund damit vom richtigen Abfußen ablenken.

Das brauchen Sie

Die Arbeitshöhe der Stangen sollte den halben Abstand vom Boden zum Sprunggelenk betragen. Verändern Sie die Höhe der einzelnen Stangen geringfügig, damit Ihr Hund sich auf jede Stange konzentrieren muss. Der Abstand zwischen den Stangen sollte der Widerristhöhe entsprechen.

Für Profis

Leiterarbeit
Seite 68

Leiterarbeit

Viele Hunde merken nicht, dass sie auch hinten Beine haben – ihr Kopf führt und alles andere folgt einfach. Leiterübungen zeigen Ihrem Hund, wie er seine Pfoten platzieren soll.

DAS LERNT IHR HUND

Bei der Leiterarbeit lernt Ihr Hund Koordination, Beherrschung der Hinterhand, Gleichgewicht, Konzentration und Sprunggeschick.

SINNVOLL FÜR …

Rettungsdienst
Rettungshunde üben an Leitern die Beherrschung ihrer Hinterhand, die sie benötigen, um über eingestürzte Gebäude und Schutt zu klettern.

Agility
Mit dem Leitertraining lernt Ihr Hund, seine Beine zu koordinieren. Dies ist wichtig bei Hindernissen, bei denen er die Abstände zwischen seinen Schritten einschätzen und alle vier Pfoten schnell und genau platzieren muss, wie z.B. bei der Wippe und dem Laufsteg. Hunde, die Schwierigkeiten mit der Kontaktzone haben, profitieren von diesem Training, da sie lernen, kleine, kontrollierte Schritte zu machen.

UND SO GEHT'S:

1 Stellen Sie die Leiter neben einer Wand auf, damit Ihr Hund nicht seitlich ausweichen kann. Halten Sie den Hund an einer kurzen Leine. Halten Sie in Ihrer anderen Hand mehrere Leckerli knapp über die Leitersprossen und halten Sie Ihre Hand tief, damit Ihr Hund sieht, wohin er läuft.

2 Locken Sie Ihren Hund langsam vorwärts. Ist er über zwei oder drei Sprossen gestiegen, belohnen Sie ihn mit einem Leckerli (belohnen Sie den Hund immer unten, dicht an den Sprossen). Locken Sie ihn mit dem nächsten Leckerli weiter vorwärts.

3 Drehen Sie um und wechseln Sie die Hand, sodass Ihr Hund jetzt auf der anderen Seite von Ihnen ist und gehen Sie erneut über die Leiter.

4 Erhöhen Sie bei zunehmender Gewöhnung Ihres Hundes das Tempo. Nehmen Sie die Leiter von der Wand weg und fangen Sie wieder von vorn an.

Tipp

Manche Hunde wollen anfangs gar nicht stillstehen zwischen den Leitersprossen – geben Sie Ihrem Hund Zeit und lassen Sie eventuell die Leckerli weg. Weicht Ihr Hund seitlich aus, zappelt oder hüpft herum, führen Sie ihn langsamer über die Leitersprossen.

Das brauchen Sie

Eine Leiter ist etwa 2 m lang, mit Sprossen im Abstand von 30 cm (für jede Größe geeignet). Der Abstand vom Boden beträgt wieder die halbe Sprunggelenkhöhe, sollte aber für Welpen und das erste Training niedriger gemacht werden.

Für Profis

Cavaletti *Seite 66*

Hürdensprung *Seite 104*

Slalom 2 x 2

Wie bei einem Slalom läuft der Hund zwischen den in gerader Reihe aufgestellten Slalomstangen durch. Die 2 x 2-Trainingsmethode wird inzwischen von den meisten Top-Hundetrainern angewandt.

DAS LERNT IHR HUND

Mit dem Slalomlauf lernt Ihr Hund Koordination, Wendigkeit, Beherrschung der Hinterhand und Konzentration.

SINNVOLL FÜR ...

Agility
Das schwierigste Hindernis im Agility ist der Slalom, bei dem der Hund zwischen Stangen durchlaufen muss.

UND SO GEHT'S:

1 Beginnen Sie zunächst mit zwei Stangen. Schicken Sie Ihren Hund in irgendeiner Form zwischen den beiden Stangen voran, entweder durch Zeigen oder mit der Leine oder indem Sie neben den Stangen herlaufen. Locken Sie Ihren Hund nicht mit einem Leckerli.

2 In dem Moment, indem Ihr Hund zwischen den beiden Stangen durchgeht, werfen Sie ein Spielzeug (oder Futterspielzeug) VOR ihn. So lernt er, vorwärts zu laufen, anstatt sich umzudrehen und sich nach Ihnen umzusehen.

3 Hat Ihr Hund den Dreh raus, zwischen den Stangen durchzugehen, vergrößern Sie Ihren Abstand zu den Stangen.

4 Versuchen Sie jetzt, Ihren Hund nicht gerade, sondern schräg durch die Stangen voranzuschicken. Beim Agility muss der Hund mit der linken Schulter an der ersten Stange einlaufen.

Tipp

Sobald Ihr Hund zwei Stangen beherrscht, stellen Sie nochmals zwei Stangen auf. Lassen Sie Ihren Hund das erste Stangenpaar und dann das zweite durchlaufen. Schieben Sie die beiden Stangenpaare allmählich näher zusammen.

Das brauchen Sie

Die Stangen sind etwa 1 m hoch und stehen in einem Abstand von etwa 60 cm auseinander. Kunststoffstangen können schräg abgeschnitten und so ins Gras gesteckt werden. Zum Üben für drinnen kann man große Pylonen oder gefüllte PET-Flaschen verwenden.

Für Profis

Tonnenrennen
Seite 142

Pfoten hoch

„Pfoten hoch“ ist ein wichtiger Grundbaustein für andere Übungen. Mit der aufblasbaren Balancierscheibe kommt noch das Gleichgewichtselement hinzu.

DAS LERNT IHR HUND

Mit dieser Übung werden Gleichgewicht und Koordination verbessert.

SINNVOLL FÜR ...

Rehabilitation
Balancierscheiben werden für leichte Beweglichkeits- und Belastungsübungen eingesetzt, die älteren Hunden und von Verletzungen genesenden Hunde zugute kommen.

Grundbaustein
„Pfoten hoch“ ist ein Grundbaustein für eine Reihe schwierigerer Aufgaben wie Hochstand (Seite 74), Krach-Spiel (Seite 24) und zu einer Zielscheibe gehen (Seite 132).

UND SO GEHT'S:

1 Machen Sie Ihren Hund auf sich aufmerksam, indem Sie ihm ein Leckerli vor die Nase halten.

2 Führen Sie das Leckerli ganz langsam über die Balancierscheibe und locken Sie Ihren Hund so, seine Vorderpfoten auf die Scheibe zu setzen. Ihre Handbewegung sollte nicht zu schnell sein, damit Ihr Hund nicht über die Scheibe springt.

3 Sobald seine Vorderpfoten die Scheibe berühren, geben Sie ihm das Leckerli. Am besten halten Sie gleich mehrere Leckerli in Ihrer Hand bereit, damit er daran schnüffeln oder lecken kann und in dieser Stellung stehenbleibt.

4 Steigern Sie den Schwierigkeitsgrad, indem Sie Ihren Hund über die Balancierscheibe hinaus locken, bis er mit den Hinterpfoten auf der Scheibe und den Vorderpfoten auf dem Boden steht.

Tipp

Die meisten Hunde kann man innerhalb weniger Minuten auf eine Balancierscheibe locken. Mit zunehmendem Fortschritt Ihres Hundes nehmen Sie Ihre Hand ein paar Sekunden lang weg und belohnen ihn dann für's Stehenbleiben. Geben Sie ihm das Leckerli aber nur, wenn er die richtige Stellung einnimmt – beide Vorderpfoten oben.

Das brauchen Sie

Für diese Übung kann man jeden beliebigen flachen, stabilen Gegenstand benutzen. Eine aufblasbare Balancierscheibe stellt für Ihren Hund eine zusätzliche Herausforderung dar.

Für Profis

Hochstand *Seite 74*

Skateboardfahren *Seite 78*

Hochstand

Bei diesem Grundbaustein bleibt Ihr Hund mit den Vorderpfoten auf einem Gegenstand stehen, während er mit seiner Hinterhand um den Gegenstand herumläuft.

DAS LERNT IHR HUND

Hochstand-Übungen verbessern die Beherrschung der Hinterhand und die Koordination.

SINNVOLL FÜR ...

Grundbaustein
Hochstand-Übungen vermitteln Ihrem Hund ein Gefühl dafür, wo er seine Hinterhand platzieren muss und führen zur Kräftigung von Hinterhand- und Rumpfmuskulatur. Diese Übung kommt häufig beim Agility und beim Dogdancing zum Einsatz.

Obedience/Rally Obedience
Während der Hundeführer um den Trittschemel herumgeht, lernt der Hund, auf der Hinterhand den Schemel zu umrunden und die korrekte Position bei Fuß neben dem linken Bein des Hundeführers einzunehmen.

UND SO GEHT'S:

1 Halten Sie Ihrem Hund ein Leckerli vor die Nase und führen Sie es langsam über den Trittschemel. Bewegen Sie Ihr Leckerli so langsam, bis er von allein darauf kommt, mit seinen Vorderpfoten auf den Schemel zu steigen.

2 In dem Moment, wenn er seine Vorderpfoten auf dem Schemel aufsetzt, geben Sie ihm das Leckerli. Lassen Sie ihn an ein paar weiteren Leckerli in Ihrer Hand knabbern, während er mit den Vorderpfoten oben bleibt.

3 Versuchen Sie, ob Ihr Hund auf der Hinterhand den Schemel umrundet. Halten Sie ihm ein paar Leckerli vor die Nase und stupsen Sie ihn mit der anderen Hand vorsichtig leicht seitwärts. Sobald er mit seinen Hinterpfoten einen Schritt zur Seite geht, belohnen Sie ihn.

4 Gehen Sie langsam und versuchen Sie, ob Ihr Hund eine komplette Umrundung schafft.

Tipp

Anfangs fühlen sich Hochstand-Übungen für den Hund merkwürdig an, aber er dürfte schnell begreifen, worum es geht. Es ist wichtig, dass Sie das Leckerli geben, während die Pfoten Ihres Hundes auf dem Schemel sind und nicht erst, wenn er bereits wieder abgestiegen ist.

Das brauchen Sie

Ein Trittschemel sollte einen Durchmesser von mindestens 30 cm haben und nur wenige Zentimeter hoch sein. Er lässt sich leicht improvisieren: ein Betonstein, ein umgedrehter Übertopf, ein dickes Telefonbuch oder irgendein anderer stabiler Gegenstand eignen sich prima.

Für Profis

Zwei oben, zwei unten *Seite76*

Physio-Rolle Erdnuss *Seite 98*

Zwei oben, zwei unten

Verbessern Sie die Koordination der Hinterhand Ihres Hundes, indem Sie ihm beibringen, seine Hinterpfoten auf eine Stufe zu stellen.

DAS LERNT IHR HUND

Mit dieser Übung bekommt Ihr Hund ein Gefühl für seine Hinterhand und eine bessere Koordination.

SINNVOLL FÜR ...

Agility
Wenn Hunde ein schräges Hindernis (oder „Kontakthindernis“) wie z.B. die Wippe hinunterlaufen, wird ihnen antrainiert, unten mit den Vorderpfoten auf dem Boden und den Hinterpfoten auf der Schräge stehenzubleiben. Agility-Trainer nennen dies die „Zwei oben, zwei unten“-Methode.

Dogdancing
Den Hunden wird beigebracht, vor ihrem Hundeführer rückwärts zurückzuweichen, indem sie lernen, ihre Hinterpfoten auf eine Treppenstufe zu stellen. Die Hundetreppe wird allmählich in immer größerem Abstand zum Hundeführer aufgestellt.

UND SO GEHT'S:

1 Stellen Sie Ihre Hundetreppe neben einer Wand auf, damit Ihr Hund nicht seitwärts ausweichen kann. Beginnen Sie unmittelbar vor den Stufen. Halten Sie ein Leckerli in Ihrer Faust auf Höhe der Hundenase und schieben Sie das Leckerli langsam in Richtung Hinterläufe Ihres Hundes.

2 Bei dem Versuch, am Leckerli zu knabbern, bückt sich Ihr Hund etwas und wird schließlich rückwärts gehen. Sobald nur einer seiner Hinterläufe die Stufe berührt, markieren Sie diesen Augenblick mit dem Hörzeichen „Gut!“ und belohnen Sie ihn mit dem Leckerli.

3 Versuchen Sie mit zunehmendem Fortschritt Ihres Hundes, dass er beide Hinterpfoten auf die Stufe setzt, bevor Sie „Gut!“ sagen und ihm das Leckerli geben.

4 Halten Sie schließlich beide Hände hinter den Rücken und drängen Sie Ihren Hund mit Ihrem Körper auf die Hundetreppe zurück. Sobald er seine Hinterpfoten auf die Stufen setzt, sagen Sie „Gut!“ und zaubern das Leckerli hinter Ihrem Rücken hervor.

Tipp

Diese Übung ist ein für den Hund untypisches Verhalten und erfordert eine selten angewandte Körperkoordination. Anfangs können Sie mit einigem Herumgezappel rechnen. Passen Sie gut auf, damit Sie dem Hund das Leckerli genau dann geben können, wenn er eine Pfote auf die Stufe setzt.

Das brauchen Sie

Sie können mit einer Hundetreppe, Stufen einer normalen Treppe, einem Agility-Kontakthindernis, einem niedrigen Trittschemel oder einem Ziegelstein arbeiten.

Für Profis

Auf eine Leiter klettern
Seite 80

Wippe
Seite 88

Skateboardfahren

Manche Hunde (oft Molosser-Rassen und Terrier) sind verrückt nach Skateboards. Testen Sie das Skaten mit Ihrem Hund und finden Sie heraus, ob er ein Naturtalent im Skaten ist!

DAS LERNT IHR HUND

Durch das Skateboardfahren verbessern sich Gleichgewicht, Koordination und die Beherrschung der Hinterhand Ihres Hundes. Ebenso stärkt es seine Selbstsicherheit bei unbekannten Geräuschen.

SINNVOLL FÜR ...

Bewegung
Manche Hunde lieben Skaten und beschäftigen sich stundenlang allein mit Skateboardfahren.

Witziger Trick
Ein skatender Hund wird auf jeden Fall alle, die ihn sehen, zum Lächeln bringen!

UND SO GEHT'S:

1 Anfangs fürchten sich die Hunde gewöhnlich vor dem Geräusch des Skateboards. Beginnen Sie also mit dem Skateboard auf einem Teppich oder auf Gras. Hier ist es leiser und das Board fährt langsamer. Legen Sie Leckerli auf das Skateboard, damit Ihr Hund das Skateboard untersucht. Bringen Sie ihn mit einem Leckerli dazu, mit den Vorderpfoten auf das Skateboard zu stehen.

2 Rollen Sie das Skateboard vor Ihrem Hund hin und her. Geht Ihr Hund auf das Skateboard zu, rollen Sie es von ihm WEG, damit es wie ein Beutetier „davonläuft". Verfolgt Ihr Hund das Skateboard? Loben Sie Ihren Hund überschwänglich, wenn er es einholt und ganz besonders, wenn er auch noch aufsteigt!

3 Gehen Sie mit dem Skateboard auf einen Parkplatz und skaten Sie selbst. Rufen Sie Ihren Hund, damit er Sie verfolgt. Das hilft, seinen Beutetrieb auszulösen.

4 Rennen Sie los und schieben Sie das Skateboard mit Schwung von sich weg und laufen Sie selbst hinter dem Skateboard her. Wecken Sie mit Ihrer Stimme Begeisterung bei Ihrem Hund für die Verfolgungsjagd!

Tipp

Bei manchen Hunden funktioniert der natürliche Beutetrieb auf Anhieb auch beim Skateboard. Sie jagen ihm hinterher und beißen oftmals auch rein. Aber die meisten müssen sich mindestens mehrere Wochen lang damit beschäftigen.

Das brauchen Sie

Nehmen Sie das größtmögliche Skateboard, das Sie finden können. Sehr große Hunde brauchen ein extralanges Skateboard. Sie können auch Ihr eigenes Skateboard konstruieren, indem Sie unten an einem Board aus Hartschaumstoff oder an einem Schwimmbrett Rollen befestigen.

Für Profis

Wackelbrett *Seite 94*

Schwimmbrett *Seite 96*

Auf eine Leiter klettern

Die Vorderpfoten gehen ja noch, aber die Sprossen mit den Hinterpfoten finden kann eine echte Herausforderung sein!

DAS LERNT IHR HUND

Diese Übung führt zu besserer Koordination, Beherrschung der Hinterhand, mehr Kraft und Selbstvertrauen.

SINNVOLL FÜR ...

Rettungsdienst/Polizeihundedienst
Rettungshunde müssen zeigen, dass sie auf eine Leiter klettern können. Diese Fähigkeit ist nützlich, damit der Hund besser in schwer zugängliche Bereiche gelangen kann.

UND SO GEHT'S:

1 Halten Sie Ihrem Hund eine Handvoll Leckerli hin und lassen Sie ihn daran schnuppern. Führen Sie langsam Ihre Hand an den Leitersprossen hoch. Achten Sie auf die Vorderpfoten Ihres Hundes. Sobald eine Pfote eine Leitersprosse berührt, geben Sie das Hörzeichen „Gut!" und belohnen den Hund mit einem Leckerli.

2 Locken Sie seinen Kopf nach oben. Der schwierigste Teil besteht darin, die erste Hinterpfote Ihres Hundes auf die Sprosse zu bekommen. Wenn er mit seiner Hinterpfote die Sprosse sucht, helfen Sie ihm dabei mit der anderen Hand.

3 Locken Sie Ihren Hund weiter aufwärts. Halten Sie mit der anderen Hand seinen Körper, damit er nicht herunterfällt.

4 Oben auf der Leiter erwartet Ihren Hund eine extra große Belohnung!

Tipp

Üben Sie maximal 5 Minuten pro Übungseinheit, da diese Übung Ihren Hund geistig und körperlich ermüdet. Heben Sie Ihren Hund immer von der Leiter herunter, anstatt ihn herunterspringen zu lassen, da er sich hierbei verletzen könnte.

Das brauchen Sie

Für diese Übung sollte die Leiter nicht zu hoch sein und flache Sprossen haben. Die Leiter wird in einem Winkel von 45° fixiert. Kleben Sie für bessere Haftung Antirutschband auf die Leiterstufen.

Für Profis

Leiterarbeit
Seite 68

Rampe

Beim ersten Mal kann das Begehen einer Rampe dem Hund Angst einjagen. Aber mit etwas Hilfe Ihrerseits wird Ihr Hund bald im Nullkommanichts die Rampe rauf und runter sausen!

DAS LERNT IHR HUND

Auf einer Rampe laufen stärkt Gleichgewicht, Koordination und Selbstvertrauen Ihres Hundes.

SINNVOLL FÜR ...

Agility
An beiden Enden des Laufsteg-Hindernisses führt eine Rampe vom Hindernis zum Boden. Die A-Wand ist nichts anderes als zwei steile Rampen.

Ältere Hunde
Mit zunehmendem Alter braucht ein Hund unter Umständen eine Rampe als Ein- bzw. Ausstiegshilfe für das Auto oder das Sofa. Bringen Sie ihm diese Fertigkeit bei, bevor er zu alt dafür ist.

Rettungsdienst
Rettungshunde müssen in der Lage sein, eine 30 cm breite Rampe bis zu 90 cm hochzulaufen.

UND SO GEHT'S:

1 Fixieren Sie eine Rampe auf einem an der Wand stehenden Sessel oder Sofa. Legen Sie in kurzen Abständen Leckerli auf der Rampe aus (Wurst- oder Käsestückchen rollen nicht herunter). Stellen Sie sich neben die Rampe, damit Ihr Hund nicht seitlich von der Rampe springt. Zeigen Sie ihm das erste Leckerli.

2 Hat Ihr Hund die halbe Strecke hinter sich gebracht, will er womöglich abspringen. Lassen Sie ihn nicht seitwärts abspringen, da es gefährlich sein kann und Sie nicht möchten, dass Ihr Hund sich dies angewöhnt. Stattdessen heben Sie ihn einfach von der Rampe herunter und setzen ihn auf dem Boden ab, wenn er ängstlich wird.

3 Legen Sie so lange Leckerli auf der Rampe aus, bis Ihr Hund die Rampe bis ganz nach oben hochläuft. Tut er das, geben Sie ihm einen großen Hundekeks!

4 Sobald Ihr Hund weiß, wie das Hochlaufen funktioniert, wiederholen Sie das Ganze mit Herunterlaufen. Ihr Hund wird sehr wahrscheinlich seitlich herunterspringen wollen, also legen Sie eine große Belohnung unten auf die Rampe und zeigen Sie ihm diese.

Tipp

Wie bei jedem Gegenstand, den Ihr Hund fürchtet, ist es wichtig, dass Sie Ihren Hund nicht über seine Angstschwelle hinaustreiben, da dies seine Furcht nur steigern würde. Am schnellsten kann Ihr Hund seine Angst überwinden, wenn er das Objekt auf eigene Faust erkunden und weglaufen kann, wann er will.

Das brauchen Sie

Hunderampen für den Einstieg ins Auto sind überall erhältlich und haben eine rutschfeste Oberfläche. Bauen Sie Ihre eigene Rampe, indem Sie Teppichboden oder Antirutschband auf einem Brett befestigen.

Für Profis

Schwebebalken *Seite 84*

Wippe *Seite 88*

Schwebebalken

Bringen Sie Ihrem Hund bei, auf einem schmalen Balken zu laufen.

DAS LERNT IHR HUND

Bei dieser Übung verbessern sich Gleichgewicht, Koordination, Selbstvertrauen und Konzentration Ihres Hundes.

SINNVOLL FÜR …

Agility
Der Schwebebalken ähnelt dem erhöhten Laufsteg-Hindernis. Der Schwebebalken ist auch die Grundlage für die Wippe.

Rettungsdienst/Polizeihundedienst
Als Bestandteil der Bewertung eines Rettungshundes muss dieser auf einem 30 cm breiten und 2,4 m langen Schwebebalken laufen, der sich 61 bis 91 cm über dem Boden befindet.

UND SO GEHT'S:

1 Bauen Sie einen stabilen und niedrigen Schwebebalken auf. Stellen Sie den Balken eventuell an einer Wand entlang auf, damit Ihr Hund nicht herunterspringen kann. Nehmen Sie eine Handvoll Leckerli und locken Sie Ihren Hund den Balken. Ist Ihr Hund unsicher, geben Sie ihm für jeden noch so kleinen Fortschritt ein Leckerli.

2 Gehen Sie mit einem Leckerli neben dem Schwebebalken Schritt für Schritt vorwärts, Ihr Hund sollte Ihnen folgen. Halten Sie Ihre Hand unten, damit Ihr Hund den Balken immer im Auge behalten und sehen kann, wohin er tritt. Ist er zu zappelig, lassen Sie das Leckerli weg. Verhindern Sie mit Ihrem Körper, dass Ihr Hund abspringt (berühren Sie ihn dabei aber nicht). Geben Sie ihm alle paar Schritte ein Leckerli.

3 Ihr Hund sollte immer den ganzen Balken entlang laufen und erst am Ende absteigen, anstatt mittendrin abzuspringen. Auf diese Weise kontrollieren Sie seinen Abgang und verringern das Verletzungsrisiko.

4 Lassen Sie mit der Zeit die Leckerli weg, die Sie ihm in der Mitte des Balkens gegeben haben, aber geben Sie ihm immer noch eines am Ende des Balkens.

Tipp

Mit der Zeit können Sie zu einem schmaleren Balken übergehen. Um den Hund nicht zu verwirren, machen Sie den Balken immer nur ein bisschen (jeweils um etwa 5 cm) schmäler.

Das brauchen Sie

Bauen Sie einen Schwebebalken aus einem auf zwei Betonblöcken oder Kisten befestigten Brett. Bekleben Sie das Brett mit Teppichboden oder Antirutschband. Haben Sie kein Brett, können Sie improvisieren, indem Sie etwa sechs Betonblöcke in einer Reihe aufstellen oder draußen eine niedrige Gartenmauer oder Picknickbank benutzen.

Für Profis

Doppelter Schwebebalken/Drahtseil
Seite 86

Doppelter Schwebebalken/Drahtseil

Stellen Sie die Koordinationsfähigkeiten Ihres Hundes auf die Probe und lassen Sie ihn über einen doppelten Schwebebalken laufen.

DAS LERNT IHR HUND

Diese anspruchsvolle Übung erfordert Gleichgewicht, Koordination, Selbstvertrauen und Konzentration.

SINNVOLL FÜR …

Tricks
Auf einem Drahtseil laufen ist ein altbekannter Trick für Zirkushunde. Mit der Zeit werden die beiden Schwebebalken durch zwei straffe Kabel ersetzt.

UND SO GEHT'S:

1 Bringen Sie Ihrem Hund zunächst bei, auf einem Schwebebalken zu laufen (Seite 84). Als nächstes ersetzen Sie ihren Schwebebalken durch zwei 5 cm dicke und 10 cm breite Bretter. Drücken Sie die beiden Bretter richtig fest zusammen, sodass sie wie ein einziges Brett aussehen.

2 Legen Sie die Bretter in Form eines V hin, wobei sie am „Start" zusammenliegen und am „Ziel" etwa 5 cm auseinanderliegen. Dieses V ist deutlich genug, damit Ihr Hund nach unten sieht und überlegt, wohin er seine Pfoten setzen soll.

3 Machen Sie das V breiter, sodass die Bretter am „Ziel" noch weiter auseinander liegen.

4 Legen Sie schließlich beide Bretter getrennt und parallel zueinander hin, sodass Sie etwa eine Hunde-Schulterbreite auseinander liegen.

Tipp

Sollte Ihr Hund jemals herunterfallen, beenden Sie die Übung nicht sofort. Lassen Sie ihn etwas Leichtes machen und beenden Sie die Übung mit diesem kleinen Erfolgserlebnis und einem Leckerli.

Das brauchen Sie

Nehmen Sie zwei parallel verlaufende, etwa 2 m lange, 5 cm dicke und 10 cm breite Bretter und befestigen Sie diese an Holzkisten. Beschichten Sie die Bretter mit Antirutschband. Die Bretter sollten höchstens auf Höhe der Achselbeuge Ihres Hundes liegen, da Ihr Hund abrutschen und mit einem Bein zwischen die Bretter geraten könnte.

Für Profis

Auf eine Leiter klettern
Seite 80

Gymnastikball
Seite 102

Wippe

Kann Ihr Hund das Gleichgewicht halten? Sobald Ihr Hund die Mitte der Wippe erreicht, kippt das Brett in die andere Richtung.

DAS LERNT IHR HUND

Bei dieser Übung lernt Ihr Hund Gleichgewicht, Koordination, Selbstvertrauen und Konzentration.

SINNVOLL FÜR ...

Agility

Die Wippe ist eines von mehreren Hindernissen im Agility, die als „Kontakthindernis" bezeichnet werden. Beim Herunterlaufen eines Kontakthindernisses muss der Hund den ganzen Weg bis zum Ende gehen (durch eine gelbe Markierung gekennzeichnet) und darf nicht mittendrin abspringen.

Rettungsdienst

Ein Rettungshund muss zeigen, dass er über eine 5 m lange und 30 cm breite Wippe laufen kann, die auf einem großen Fass aufliegt.

UND SO GEHT'S:

1 Hilfreich ist es, wenn man zuvor Wackelbrett (Seite 94), Krach-Spiel (Seite 24), Rampe (Seite 82) und Schwebebalken (Seite 84) übt. Hat Ihre Wippe einen höhenverstellbaren Kipppunkt, stellen Sie diesen ganz niedrig ein. Ansonsten legen Sie unter ein oder beide Enden der Wippe einen Untersatz. Locken Sie Ihren Hund mit einem Leckerli auf die Wippe.

2 Legen Sie auf der Wippe direkt vor Ihrem Hund Leckerli aus. Je näher der Mittelpunkt der Wippe rückt, umso dichter sollten die Leckerli liegen, denn Ihr Hund soll sich langsam auf den Kipppunkt zubewegen. Springt Ihr Hund von der Wippe ab, bringen Sie ihn zum Startpunkt zurück und lassen Sie ihn von dort wieder beginnen.

3 Legen Sie immer ein Leckerli ganz ans Ende der Wippe, damit sich Ihr Hund angewöhnt, gegen Ende der Wippe langsamer zu werden anstatt abzuspringen (was für ihn gefährlich sein könnte).

4 Stellen Sie den Kipppunkt langsam immer höher ein oder aber machen Sie die Untersätze niedriger. Laufen Sie neben Ihrem Hund auf der Wippe her, damit er konzentriert bleibt und nicht seitlich abspringt.

Tipp

Es ist nicht ungewöhnlich, dass Hunde vor der Wippe Angst haben. Selbst nachdem sie bereits auf der Wippe gelaufen sind, kann es passieren, dass sie wieder unsicher werden. Drängen Sie Ihren Hund niemals dazu, mehr zu machen, als er von sich aus will, da seine Unsicherheit sonst zunimmt. Lassen Sie es langsam angehen!

Das brauchen Sie

Eine wettbewerbskonforme Agility-Wippe ist etwa 4 m lang, 30 cm breit und hat einen Kipppunkt auf etwa 60 cm Höhe. Die Wippe hat eine mit Antirutsch-Anstrich versehene Oberfläche.

Für Profis

Zwei oben, zwei unten
Seite 76

Schwebebalken
Seite 84

Fußigel

Üben Sie das „Stellen“ Ihres Hundes, indem Sie ihn mit allen vier Pfoten auf Fußigeln stehen lassen.

DAS LERNT IHR HUND

Mit dieser Übung sind Gleichgewicht, Koordination, Beherrschung der Hinterhand und Konzentration gefordert.

SINNVOLL FÜR ...

Auf Zuchtschauen müssen die Hunde „gestellt“ werden, d.h. sie sollen korrekt stehen, sodass ein Richter ihr Gebäude beurteilen kann. Im Training mit den Fußigeln lernt Ihr Hund, seine Pfoten richtig zu platzieren.

UND SO GEHT'S:

1 Heben Sie Ihren Hund vorsichtig an der Brust hoch, bis seine Vorderläufe vom Boden abheben und lassen Sie ihn dann langsam wieder hinunter. Seine Pfoten setzen automatisch im richtigen Abstand zueinander auf. Positionieren Sie die Fußigel in diesem Abstand.

2 Platzieren Sie jeden Hinterlauf einzeln durch Anheben oberhalb des Sprunggelenks.

3 Die Hinterläufe sollten vom Sprunggelenk abwärts eine senkrechte Linie bilden.

4 Nehmen Sie ein Leckerli, damit Ihr Hund aufmerksam bleibt und lassen Sie ihn stillstehen.

Tipp

Diese Übung ist schwieriger als es scheint! Arbeiten Sie bei zappeligen Hunden anfangs nur mit den Vorderpfoten. Mit der Zeit lernt Ihr Hund, seine Pfoten selbst zu setzen!

Das brauchen Sie

Vier Ziegelsteine oder schwere Bücher eignen sich perfekt als „Fußigel" zum Draufstehen für einen Hund.

Für Profis

Ringkissen
Seite 92

Bei dieser Übung spannen sich schon bei der kleinsten Bewegung die Muskeln Ihres Hundes an. Dies fördert den Gleichgewichtssinn und kann zur Rehabilitation bei Gelenk- und Muskelverletzungen eingesetzt werden.

DAS LERNT IHR HUND

Mit dem Ringkissen werden Gleichgewicht, Koordination, Selbstvertrauen und Konzentration gestärkt.

SINNVOLL FÜR ...

Fitness & Rehabilitation
Zur Stärkung der Rumpfmuskulatur und für Belastungsübungen für ältere oder verletzte Hunde stehen aufblasbare Ringkissen in allen möglichen Varianten zur Verfügung. Je nach Gewichtsverlagerung bewegen sich die Muskeln des Hundes ganz unterschiedlich und werden dabei leicht belastet.

UND SO GEHT'S:

1 Halten Sie das Ringkissen mit Ihrem Knie fest. Nehmen Sie mehrere Leckerli in die Hand und führen Sie Ihre Hand langsam von der Nase Ihres Hundes über das Ringkissen. Während Ihr Hund nach dem Leckerli trachtet, setzt er vermutlich seine Vorderpfoten auf das Ringkissen. Belohnen Sie ihn dafür und halten Sie ihn in dieser Position.

2 Während Ihr Hund an den Leckerli in Ihrer Hand knabbert, bewegen Sie Ihre Hand langsam weiter über das Kissen und bringen Sie Ihren Hund dazu, dem Leckerli nachzusteigen.

3 Steht Ihr Hund oben auf dem Kissen, darf er noch mehr Leckerli knabbern. Halten Sie die andere Hand neben ihm, damit Sie ihn von einem unfreiwilligen Abgang bewahren können.

4 Führen Sie das Leckerli langsam von einer Seite zur anderen oder beschreiben Sie einen Kreis, während Ihr Hund stets dem Leckerli folgt. Bei jeder Gewichtsverlagerung muss er sein Gleichgewicht halten.

Tipp

Obwohl sich die Hunde anfangs vielleicht nicht richtig trauen, finden die meisten mit der Zeit Gefallen an diesem Spiel. Wird das Kissen gerade nicht benutzt, müssen Sie es unter Umständen wegräumen, sonst springt Ihr Hund von allein drauf!

Das brauchen Sie

Spezialangefertigte Gymnastikkissen für Hunde bestehen aus strapazierfähigem und kratzfestem Material. Diese Bälle haben häufig Antirutschnoppen auf der Oberseite.

Für Profis

Gymnastikball
Seite 102

Wackelbrett

Das Wackelbrett fördert Gleichgewichtssinn und Selbstsicherheit des Hundes.

DAS LERNT IHR HUND

Mit dem Wackelbrett entwickelt Ihr Hund Gleichgewicht, Koordination, Selbstsicherheit auf schwankendem Untergrund und Konzentration.

SINNVOLL FÜR …

Agility
Diese Grundübung kann ein erster Schritt in Richtung Wippe sein.

Rettungsdienst
Als Teil der Rettungshundeprüfung muss der Hund bereit sein, auf einem schwankenden, wackeligen Untergrund wie z.B. einem Wackelbrett zu laufen.

Selbstsicherheit
Schüchterne Welpen und Hunde profitieren von einfachen Aufgaben, die sie selbstsicherer werden lassen. Übungen mit dem Wackelbrett ermutigen den Hund dazu, seinen Körper zu beherrschen.

UND SO GEHT'S:

1 Legen Sie das Wackelbrett ins Gras oder auf Teppichboden, um den Knall beim Aufschlagen zu dämpfen. Unterlegen Sie das Brett mit Klötzen oder Schwimmnudeln an den Kanten, damit es nicht wackeln kann. Locken Sie ihn mit einem Leckerli auf das Brett und geben Sie ihm das Leckerli, sobald er mindestens eine Pfote auf das Brett gesetzt hat.

2 Entfernen Sie die Klötze unter dem Brett. Treten Sie auf das eine Ende des Bretts, damit es nicht gar so stark wackelt. Bei dieser langsamen Vorgehensweise merkt der Hund, dass er sich auf wackligem Untergrund bewegt und dass es an ihm liegt, ob sich das Brett bewegt oder nicht. Locken Sie Ihren Hund weiterhin mit einem Leckerli auf das Brett.

3 Legen Sie ein paar Leckerli auf das Brett und zeigen Sie diese Ihrem Hund. Fordern Sie ihn auf, auf das Brett zu steigen, um an die Leckerli zu kommen.

4 Später zeigen Sie dann nur noch auf das Brett und warten ab, ob Ihr Hund draufsteigt. Macht er es, geben Sie ihm ein Leckerli aus Ihrer Tasche.

Das brauchen Sie

Das Brett besteht aus 2 cm dickem Sperrholz. Ein Wippbrett wippt nur in eine Richtung. Unterseits des 1 m langen und etwa 60 cm breiten Bretts ist ein Kunststoffrohr in der Mitte befestigt. Ein Wackelbrett ist ein viereckiges oder kreisförmiges Brett von 1 bis 1,2 m Länge bzw. Durchmesser, das sich in alle Richtungen bewegt. Das Brett wird in einem Softball verschraubt. Bei dem Buja-Brett (siehe Abb.) ist an der Unterseite ein kleines Viereck aus 5 cm dicken und 10 cm langen Hölzern befestigt. Legen Sie einen Ball in das Viereck.

Für Profis

Wippe
Seite 88

Schwimmbrett
Seite 96

Schwimmbrett

Manchen Hunden macht es großen Spaß, vom Beckenrand auf ein schwimmendes Schwimmbrett zu springen. Alle Hunde jedoch profitieren von einer größeren Selbstsicherheit und einem besseren Gleichgewicht – dem Ergebnis der Beherrschung dieses wackeligen Spielzeugs.

DAS LERNT IHR HUND

Bei diesem Spiel lernt Ihr Hund Gleichgewicht, Selbstsicherheit im Wasser, Koordination und Konzentration.

SINNVOLL FÜR ...

Selbstsicherheit im Wasser/ Bootfahren
Das Balancieren auf einem Schwimmbrett macht Ihren Hund mit der Wellenbewegung des Wassers vertraut – eine Fähigkeit, die er gut gebrauchen kann, wenn er mit Ihnen zusammen im Boot oder Kajak unterwegs ist.

Hundesurfen
Bei den Surfwettbewerben für Hunde stehen die Hunde auf einem Surfbrett und reiten eine flache Welle zum Strand.

UND SO GEHT'S:

1 Hunde stehen diesem ungewohnten Spielzeug von Natur aus skeptisch gegenüber. Gewöhnen Sie Ihren Hund zunächst ohne Wasser an das Schwimmbrett. Bringen Sie ihn mit einem Leckerli dazu, auf das Brett zu steigen und lassen Sie ihn am Leckerli knabbern.

2 Legen Sie das Schwimmbrett in ein leeres Planschbecken. Bringen Sie ihn erneut mit einem Leckerli dazu, auf das Brett zu steigen und lassen Sie ihn dort an dem Leckerli knabbern.

3 Füllen Sie das Planschbecken ein paar Zentimeter mit Wasser und locken Sie Ihren Hund wie zuvor. Ist Ihr Hund skeptisch, versuchen Sie es zuerst mit dem Würstchentauchen (Seite 14), damit er an Selbstsicherheit im Wasser gewinnt.

4 Füllen Sie das Planschbecken mit noch mehr Wasser. Ermuntern Sie Ihren Hund, auf dem Brett zu hüpfen und zu planschen, um sein Selbstvertrauen zu steigern.

Tipp

Arbeiten Sie mit besonders verführerischen Leckerli wie Hühnchen oder Käse. Wenden Sie niemals Zwang an oder setzen Ihren Hund einfach ins Wasser, da er sonst noch viel unsicherer wird. Machen Sie langsam, auch wenn Sie mehrere Übungseinheiten brauchen, bis der Hund das erste Mal die Pfote ins Wasser taucht.

Das brauchen Sie

Schwimmbretter (auch Bodyboards oder Boogie Boards genannt) sind in verschiedenen Größen und mit unterschiedlichem Auftrieb erhältlich. Je größer das Brett, umso einfacher für Ihren Hund.

Für Profis

Ringkissen
Seite 92

Wackelbrett
Seite 92

Physio-Rolle Erdnuss

Ihr Hund rollt mit seinen Vorderpfoten eine große aufblasbare Erdnuss.

DAS LERNT IHR HUND

Dieses Spiel fördert Gleichgewicht, Koordination und Kraft bei Ihrem Hund.

SINNVOLL FÜR ...

Fitness & Rehabilitation
Bei verletzten Hunden kommen unterschiedliche Formen von aufblasbaren Gymnastikbällen zur Stärkung der Rumpfmuskulatur und zur Belastungstherapie zum Einsatz. Indem der Hund sein Gewicht verlagert, bewegen sich seine Muskeln ganz unterschiedlich und werden dabei ohne Gelenkbelastung trainiert.

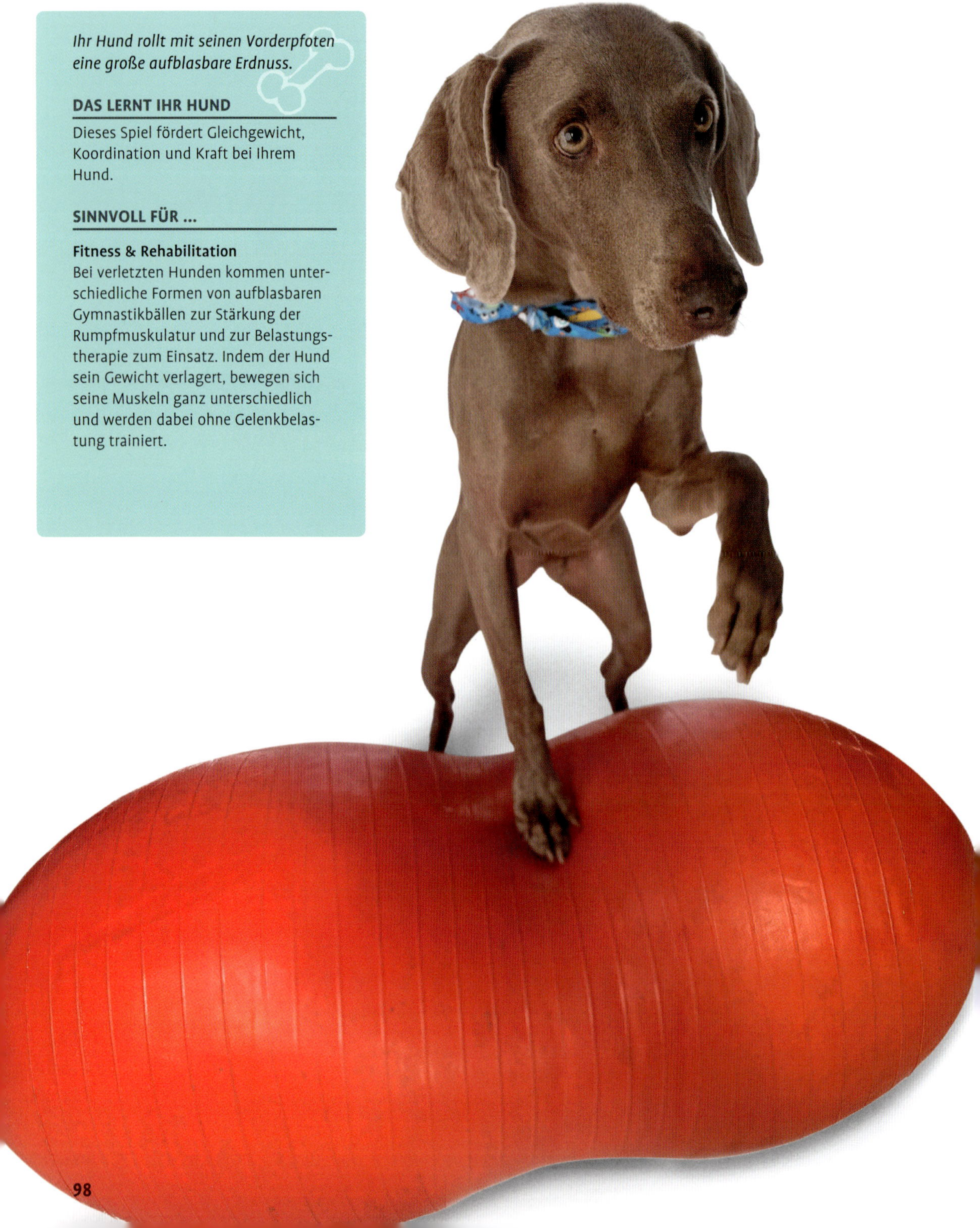

UND SO GEHT'S:

1 Halten Sie die Erdnuss-Rolle mit Knie und Fuß fest. Nehmen Sie eine Handvoll Leckerli in die Hand und führen Sie diese langsam von der Nase Ihres Hundes nach oben und über die Rolle. Ihr Hund setzt dabei vermutlich seine Vorderpfoten auf die Rolle.

2 Lassen Sie ihn weiterhin an den Leckerli in Ihrer Hand schnuppern und knabbern, damit seine Aufmerksamkeit nicht nachlässt. Bleiben Sie mit einem Fuß auf der Rolle und treten Sie mit dem anderen Fuß einen Schritt zurück. Das dient zur Vorbereitung, die Erdnuss zu rollen.

3 Rollen Sie die Erdnuss mit Ihrem Fuß langsam auf sich zu. Sobald Ihr Hund eine der beiden Vorderpfoten versetzt, sagen Sie „Gut!“ und geben ihm das Leckerli. Treten Sie einen Schritt zurück und rollen Sie die Erdnuss noch einmal.

4 Mit zunehmendem Fortschritt wird Ihr Hund die Erdnuss allmählich selbst rollen können und Sie können neben ihm hergehen (und ihm immer noch mit der Hand helfen, die Erdnuss zu rollen).

Tipp

Hunde lernen schnell, die Vorderpfoten auf die Erdnuss zu stellen. Schwieriger wird es jedoch mit der notwendigen Koordination, wenn die Erdnuss rollt. Unterstützen Sie Ihren Hund bei der Körperbeherrschung und bestärken Sie ihn, in dieser Körperhaltung zu bleiben – das ist ein gutes Krafttraining.

Das brauchen Sie

Gymnastikbälle gibt es in verschiedenen Größen. Der erdnussförmige Ball beschränkt die Bewegung auf vorwärts und rückwärts – was es Ihrem Hund leichter macht, das Rollen zu lernen.

Für Profis

Ein Fass rollen
Seite 100

Gymnastikball
Seite 102

Ein Fass rollen

Für Ihren Hund ist es eine echte Herausforderung, ein Fass zu rollen. Er muss dabei sowohl sein Gleichgewicht halten als auch seine Pfoten gezielt aufsetzen.

DAS LERNT IHR HUND

Bei dieser Übung sind Gleichgewicht, Koordination, Kraft und Konzentration gefordert.

SINNVOLL FÜR ...

Trick
Ein Fass rollen ist ein klassischer Zirkushundetrick.

Rettungsdienst/Polizeihundedienst
Als Trainingsübung werden drei Fässer zu einer Pyramide gestapelt, die die Hunde erklettern sollen.

Jagdhunde
Bei der Ausbildung auf das Kommando „Halt!" (anhalten und still sein) wird bei den Jagdhunden oft mit Fässern gearbeitet. Der Hund steht auf dem Fass, während der Ausbilder es ruhig hält. Bewegt sich der Hund oder ist abgelenkt, lässt der Ausbilder das Fass wackeln. Auf diese Weise lernt der Hund, konzentriert und still stehen zu bleiben.

UND SO GEHT'S:

1 Stellen Sie das Fass vor einer Wand auf oder halten Sie es mit der Hand fest. Halten Sie ein Leckerli über das Fass, damit Ihr Hund seine Vorderpfoten auf das Fass setzt. Geben Sie ihm in dieser Position ein Leckerli. Bestärken Sie ihn, in dieser Position zu bleiben, indem Sie ihm alle paar Sekunden kleine Leckerli geben.

2 Hat sich Ihr Hund daran gewöhnt, halten Sie ihm ein Leckerli vor die Nase, damit er weiter aufmerksam bleibt und rollen Sie mit der anderen Hand das Fass ein paar Zentimeter weg von Ihrem Hund. Jedes Mal, wenn er eine Pfote umsetzt, sagen Sie „Gut!“ und geben ihm ein Leckerli.

3 Stellen Sie sich gegenüber Ihrem Hund auf der anderen Seite des Fasses auf und halten Sie das Fass mit dem Knie oder Fuß fest. Locken Sie Ihren Hund mit einer Handvoll Leckerli auf das Fass hinauf.

4 Rollen Sie das Fass sehr langsam ein paar Zentimeter rückwärts, damit Ihr Hund einen Schritt vorwärts machen muss. Halten Sie Ihre Hand mit den Leckerli dicht vor seine Nase und geben Sie Ihrem Hund alle paar Sekunden ein paar Leckerli.

Tipp

Arbeiten Sie mit viel Lob und Leckerli, damit seine Motivation nicht nachlässt. Halten Sie Ihren Hund nicht fest, wenn er auf dem Fass balanciert. Er wird sich sicherer fühlen, wenn er weiß, dass er jederzeit abspringen kann. Es kann Wochen oder Monate dauern, bis Ihr Hund sein Gleichgewicht gut halten kann.

Das brauchen Sie

Bauen Sie ein Fass aus einer 200 Liter Kunststofftonne. Beschichten Sie das Fass mit Gummi oder Teppichboden, die auf das Fass aufgeklebt werden. Verwenden Sie Isolierband für die Kanten. Bei kleinen Hunden nehmen Sie ein kleineres Fass.

Für Profis

Physio-Rolle Erdnuss
Seite 98

Gymnastikball
Seite 102

Gymnastikball

Die Arbeit mit dem Gymnastikball stärkt die Rumpfmuskulatur und erhöht den Muskeltonus. Außerdem führt sie zu einem besseren Gleichgewicht, größeren Bewegungsradius und mehr Beweglichkeit.

DAS LERNT IHR HUND

Bei diesem Spiel werden Gleichgewichtssinn, Kraft, Koordination und Konzentration geschult.

SINNVOLL FÜR …

Leistungssport
Hunde im Leistungssport können sich leicht Probleme im unteren und mittleren Rücken sowie Muskelzerrungen zuziehen. Sie profitieren ganz besonders von den Übungen zur Stärkung der Rumpfmuskulatur. Ballarbeit wird gewöhnlich bei Hunden, die aktiv Agility, Coursing, Weitsprung ins Wasser und Hütearbeit betreiben, eingesetzt.

Ältere Hunde
Wenn Hunde älter werden, fällt uns dies als Erstes durch Hinterhandschwäche bzw. Probleme am unteren Rücken auf. Ballarbeit ist eine wirksame und sichere Form, diese Muskeln zu trainieren. Gleichzeitig wird dadurch möglichen Beschwerden vorgebeugt bzw. bereits vorhandene Beschwerden werden gelindert.

Rehabilitation/Physiotherapie
Ballarbeit wird bei der Physiotherapie von Hunden eingesetzt, die sich von Verletzungen oder Operationen erholen. Bei der Ballarbeit wird die Muskulatur nur leicht belastet und gleichzeitig gekräftigt.

UND SO GEHT'S:

1 Halten Sie den Gymnastikball fest oder legen Sie ihn auf einen Untersatz. Führen Sie ein Leckerli von der Nase Ihres Hundes über den Ball, bis er seine Vorderläufe auf den Ball legt. Lassen Sie ihn an den Leckerli in Ihrer Hand schnuppern, damit er diese Stellung beibehält. Schaukeln Sie den Ball leicht hin und her, sodass Ihr Hund seine Hinterläufe benutzt, um das Gleichgewicht zu halten.

2 Gehen Sie langsam um den Ball herum, um Ihren Hund dazu zu bringen, seitwärts um den Ball herumzugehen (siehe Hochstand, Seite 74).

3 Nehmen Sie den Balluntersatz weg und lassen Sie den Ball unter dem Gewicht Ihres Hundes wackeln. Ermuntern Sie Ihren Hund, mit dem Ball herumzuexperimentieren. Loben Sie ihn und belohnen Sie ihn mit Leckerli.

4 Fixieren Sie den Ball in einer Kiste oder binden Sie ihn an einem Reifen fest. Locken Sie Ihren Hund, sodass er auf den Ball hinaufklettert. Belohnen Sie ihn dafür mit einem Leckerli.

Tipp

Achten Sie bei älteren oder verletzten Hunden darauf, dass sie sich langsam bewegen, wenn mit dem Ball gearbeitet wird.

Das brauchen Sie

Gymnastikbälle für Hunde sind stabiler als die für den menschlichen Gebrauch bestimmten Bälle – diese können durch die Hundekrallen einreißen. Gymnastikbälle für Hunde gibt es in unterschiedlichen Größen. Je größer der Ball ist und je mehr Luft er enthält, umso einfacher kann man darauf balancieren.

Für Profis

Fußigel
Seite 90

Physio-Rolle Erdnuss
Seite 98

Hürdensprung

Hürdensprung ist ein Basis-Sprung, der bei vielen Hundesportarten und anderen Aktivitäten vorkommt.

DAS LERNT IHR HUND

Ihr Hund verbessert seine Lauf- und Sprungkoordination und gewinnt an Kraft.

SINNVOLL FÜR …

Agility
Hürden zählen zu den wichtigsten Hindernissen beim Agility.

Obedience
Hürden werden bei Obedience-Wettbewerben eingesetzt, wie z.B. beim Apport eines Apportels über eine Hürde.

Rettungsdienst
Ein Rettungshund muss in der Lage sein, bei der Prüfung über einen Baumstamm oder ein Fass zu springen.

UND SO GEHT'S:

1 Legen Sie die Stange zwischen den beiden Pfosten auf den Boden. Leinen Sie Ihren Hund an und gehen Sie mit ihm zunächst im Schritt, dann im Trab ein paar Mal zwischen beiden Pfosten durch. Loben Sie Ihren Hund und geben Sie ihm ein Leckerli, damit seine Motivation nicht nachlässt.

2 Legen Sie die Stange niedrig auf, etwa auf halber Höhe des Ellbogens Ihres Hundes. Traben Sie mit ihm auf die Hürde zu und rufen Sie begeistert „Hopp!“, während Sie mit ihm über die Stange springen. Loben und belohnen Sie ihn jedes Mal mit einem Leckerli.

3 Legen Sie die Stange allmählich immer höher auf und versuchen Sie, neben der Hürde herzulaufen, anstatt selbst darüber zu springen. Strecken Sie Ihren Arm aus, um Ihren Hund zur Mitte der Hürde hin zu dirigieren.

4 Probieren Sie, ob Ihr Hund auch aus größerer Entfernung zur Hürde läuft oder ob er schräg darüber springen kann. So lernt er, die Hürde zu finden, egal wo er gerade ist.

Tipp

In der Übergangsphase zwischen Ihrem Überspringen der Hürde und Ihrem Nebenherlaufen versucht Ihr Hund vielleicht, an der Hürde vorbei zu laufen. Um das zu verhindern, stellen Sie die Hürde neben einer Wand auf.

Das brauchen Sie

Bauen Sie eine Stangenhürde aus Kunststoffstangen und Verbindungsstücken auf. Stangenaufleger (im Internet erhältlich) werden auf die Pfosten gesteckt, sodass die (Abwurf)Stange herunterfallen kann, sollte Ihr Hund sie reißen. Die Sprunghöhe variiert je nach Sportart. Die Standard-Sprunghöhe entspricht der Widerristhöhe Ihres Hundes plus/minus 5 cm.

Für Profis

Stopp-schwelle
Seite 106

Stoppschwelle

Übungen mit einem Markierungspunkt lehren den Hund, Entfernungen abzuschätzen, seine Schrittlänge anzupassen und seinen Körper in der richtigen Entfernung vor einem Sprunghindernis auf die maximale Sprungkraft zu konzentrieren.

DAS LERNT IHR HUND

Mit dieser Basisübung werden Sprunggeschick, Koordination und Kraft gefördert.

SINNVOLL FÜR ...

Agility
Mithilfe von Stoppschwellen lernt Ihr Hund, Entfernungen abzuschätzen und seinen Körper entsprechend zu beherrschen. Geeigneter Absprungpunkt, Gewichtsverlagerung, Absprungwinkel und Abschätzung der Sprunghöhe sind weitere für den Sprung wichtige Faktoren, die dem Hund durch diese Übung vermittelt werden. Er lernt dadurch auch, wie er sich am besten konzentrieren kann, bevor er zum Sprung ansetzt, um die maximale Sprunghöhe zu erreichen.

Flyball
Durch die Übungen mit Stoppschwelle passt der Hund seine Schrittlänge an, wenn er auf Hürden zusteuert.

Weitsprung ins Wasser
Ein Hund, der trippelt oder zu weit vor dem Beckenrand abspringt, verliert an Weite. Mit der Stoppschwelle lernt der Hund, die Entfernung zu beurteilen und seine Schrittlänge entsprechend anzupassen.

UND SO GEHT'S:

1 Bringen Sie Ihrem Hund zuerst den Hürdensprung bei (Seite 104). Die Stoppschwelle zeigt den Absprungpunkt und zugleich die Arbeitszone an. Lassen Sie Ihren Hund unmittelbar vor der Stoppschwelle absitzen. Laufen Sie an der Hürde vorbei und lassen Sie hinter der Hürde das Lieblingsspielzeug Ihres Hundes fallen.

2 Geben Sie Ihrem Hund das Kommando zum Springen. Ihr Hund sollte vor dem Absprung Bodenkontakt haben (nur einmal). Am Absprungpunkt macht er seinen Körper möglichst klein (Hinterläufe eng beieinander, lockerer und runder Rücken, gesenkter Kopf).

3 Nach einigen Wiederholungen wird Ihr Hund selbstständig herausfinden, wie er am besten springt. Überspringt Ihr Hund Stoppschwelle und Hürde auf einmal, versetzen Sie die Stoppschwelle (in Abständen von je 8 cm).

4 Spielen Sie begeistert mit Ihrem Hund, wenn er am Ende der Übung sein Spielzeug bekommt.

Tipp

Bei dieser Übung kommt es auf selbstständiges Arbeiten an. Viele Wiederholungen sind kontraproduktiv. Üben Sie höchstens drei bis vier Mal pro Einheit und höchstens drei Einheiten pro Woche.

Das brauchen Sie

Stoppschwellen sind 10 cm bis 20 cm breit und 1 m lang. Sie können ganz einfach aus Kunststoff-Regenrinnen selbst gemacht werden. Legen Sie bei kleinen Hunden (wie Shelties und Parson Jack Russell Terrier) die Stoppschwelle etwa 1 m vor die Hürde, bei mittelgroßen Hunden (wie Border Collies) etwa 1,5 m und bei großen Hunden etwa 2 m.

Für Profis

Sprungsequenz
Seite 108

Sprungsequenz

Mit Sprungsequenzen lernt Ihr Hund den richtigen Sprungrhythmus (Absprungphase, Sprung, Aufkommen, erneute Absprungphase, Sprung). Zwischen den einzelnen Sprüngen sollte Ihr Hund je einmal Bodenkontakt haben.

DAS LERNT IHR HUND

Diese Übung fördert Sprunggeschick und Koordination und ist überdies ein gutes Krafttraining.

SINNVOLL FÜR …

Flyball
Mithilfe von Sprungsequenzen lernt ein Flyball-Hund, mit Höchstgeschwindigkeit zu rennen und die Hürdenbahn, ohne aus dem Takt zu kommen oder zu trippeln, zu überspringen.

Agility
Bei Sprungsequenzen lernt der Hund die richtige Sprungtechnik: Strecke, Distanz, geeigneter Absprungpunkt, Gewichtsverlagerung, Absprungwinkel und Abschätzung der Sprunghöhe. Der Hund übt, eine Strecke zu beurteilen und seinen Körper zu beherrschen.

UND SO GEHT'S:

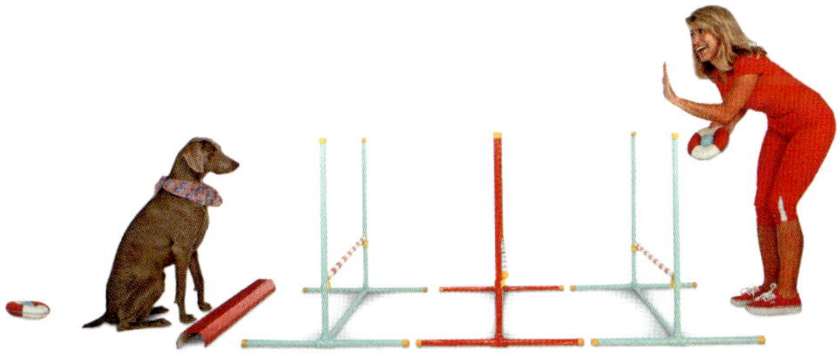

1 **Zum Ziel voranschicken.** Üben Sie zuerst mit der Stoppschwelle (Seite 106). Als nächstes stellen Sie eine Hürdenbahn von drei bis fünf Hürden in gerader Linie und im selben Abstand zueinander auf. Legen Sie vor die erste Hürde eine Stoppschwelle. Legen Sie das Spielzeug (oder ein Leckerli in einem Futterbehälter) Ihres Hundes zwei Schrittlängen hinter der letzten Hürde ab. Stellen Sie sich mit Ihrem Hund hinter die Stoppschwelle und schicken Sie ihn zum Ziel voran.

2 **Absetzen vor dem Parcours.** Üben Sie bei der nächsten Wiederholung das Absetzen des Hundes vor dem Parcours, so wie es bei Agility-Turnieren an der Startlinie praktiziert wird. Lassen Sie Ihren Hund mit dem Kommando „Sitz-Bleib" hinter der Stoppschwelle absitzen und gehen Sie bis ans Ende der Bahn.

3 Rufen Sie Ihren Hund ab. Auf dem Weg zu Ihnen überspringt er dabei die Hürden. Belohnen Sie ihn aus der Hand, sobald er bei Ihnen anlangt.

4 **Bewegung.** Bei einer Bewegungsübung überspringt Ihr Hund die Hürden, während Sie mitlaufen. Halten Sie die Belohnung für Ihren Hund in der Hand und laufen Sie neben ihm und der Hürdenbahn her.

Tipp

Leicht erregbare Hunde können ihre Kondition unter Umständen nicht über die gesamte Hürdenbahn halten, sondern brechen etwa auf halber Strecke ein. Führen Sie daher nur drei Wiederholungen pro Übungseinheit durch.

Das brauchen Sie

Stellen Sie Stangenhürden in gerader Linie, in gleichmäßigen Abständen und mit gleicher Stangenhöhe auf. Stellen Sie bei großen Hunden die Hürden 1,5 bis 1,8 m weit auseinander und legen Sie die Stangen bei 30 bis 40 cm Höhe auf. Macht Ihr Hund einen zusätzlichen Schritt zwischen den Sprüngen, verringern Sie den Abstand zwischen den Hürden.

Für Profis

Podestsprung *Seite 30*

„Zick" und „Zack" *Seite 110*

„Zick“ und „Zack“

Mit den Kommandos „Zick“ und „Zack“ bedeuten Sie Ihrem Hund, über eine Hürde zu springen und einen engen Bogen nach links („Zick“) oder rechts („Zack“) zu laufen.

DAS LERNT IHR HUND

Enges Bogenlaufen beeinflusst Sprunggeschick und Koordination, der Hund lernt, Richtungskommandos zu befolgen und baut gleichzeitig Kraft auf.

SINNVOLL FÜR …

Agility
Damit Ihr Hund den schnellsten Weg auf einem Parcours findet, muss er immer zwei Schritte vorausdenken. Weisen Sie Ihren Hund an, über eine Hürde zu springen und geben Sie ihm gleich die Richtung vor, in die er sich nach der Landung drehen soll.

UND SO GEHT'S:

1 Bringen Sie Ihrem Hund zunächst den Hürdensprung (Seite 104) bei. Stellen Sie nur einen Hürdenpfosten auf. Locken Sie Ihren Hund mit der rechten Hand und dem Hörzeichen „Zick" für eine Drehung gegen den Uhrzeigersinn (links) um den Pfosten herum. Hat das geklappt, geben Sie ihm ein Leckerli. Arbeiten Sie mit der linken Hand, wenn er eine Drehung im Uhrzeigersinn (nach rechts) machen soll.

2 Nehmen Sie den zweiten Hürdenpfosten hinzu und stellen Sie sich in einiger Entfernung von beiden Pfosten auf. Beginnen Sie mit dem Kommando „Zick" mit Ihrem Hund auf der rechten Seite. Schicken Sie ihn mit dem rechten Arm voran (so, als ob Sie ihn schieben würden), drehen die rechte Schulter in Richtung Hürde und machen einen Schritt mit dem rechten Fuß.

3 Sobald Ihr Hund auf dem Rückweg zu Ihnen ist, treten Sie nach links und belohnen ihn aus der linken Hand.

4 Legen Sie die Hürdenstange niedrig auf und versuchen Sie es nochmals. Mit dem Kommando „Zack" „schieben" Sie mit links und treten mit dem linken Fuß vor.

Tipp

Arbeiten Sie mit beiden Kommandos gleichzeitig und abwechselnd. Denken Sie daran, Ihrem Hund das Kommando VOR seinem Absprung zu geben, da er mitten im Sprung seinen Landepunkt bereits festgelegt hat.

Das brauchen Sie

Bauen Sie eine Hürde aus Kunststoffstangen und Verbindungsstücken auf. An den Pfosten aufsteckbare Stangenaufleger lassen die (Abwurf)Stange herunterrollen, falls Ihr Hund sie versehentlich berührt.

Für Profis

Achter springen
Seite 112

Tonnenrennen
Seite 142

Achter springen

Diese schwungvolle Übung ist nicht so schwer, wie sie aussieht! Ihr Hund springt Achter nach Ihren Richtungskommandos.

DAS LERNT IHR HUND

Bei dieser Übung werden Sprunggeschick, Koordination und Kraft aufgebaut. Zudem lernt Ihr Hund, Richtungskommandos zu befolgen.

SINNVOLL FÜR …

Agility
Richtungskommandos für Einzelsprünge zählen zu den Grundlagen im Agility. Achter werden in der Regel als Aufwärmübung für Agility gelaufen. Bei dieser Übung lernt der Hund, die Körpersprache des Hundeführers als Richtungskommando zu befolgen.

UND SO GEHT'S:

1 Bringen Sie Ihrem Hund zuerst „Zick“ und „Zack“ bei (Seite 110). Stellen Sie sich hinter die Hürde, mit Ihrem Hund auf der rechten Seite. Geben Sie das Kommando „Hopp!“ (oder „Zick“) und schieben Sie die rechte Hand und den rechten Fuß in Richtung linker Pfosten.

2 Sobald Ihr Hund springt, treten Sie in die Mitte zurück. Ziehen Sie mit dem Zeigefinger der linken Hand Ihren Hund zurück an Ihre linke Seite.

3 Sagen Sie „Hopp!“ (oder „Zack“) und schieben Sie die linke Hand in Richtung rechter Pfosten. Machen Sie einen Schritt mit dem linken Fuß in Richtung rechter Pfosten.

4 Sobald Ihr Hund springt, treten Sie wieder in die Mitte zurück und ziehen ihn mit dem Zeigefinger der rechten Hand zurück an Ihre rechte Seite.

Tipp

Üben Sie diese Bewegungsabfolge zunächst ohne Hund. Ein geübter Hundeführer kann innerhalb einer Einheit einen fremden Hund durch diese Übung führen.

Das brauchen Sie

Bauen Sie eine Hürde aus Kunststoffstangen und Verbindungsstücken auf. An den Pfosten aufgesteckte Stangenaufleger lassen die (Abwurf)Stange herunterrollen, falls Ihr Hund sie versehentlich berührt.

Für Profis

Tonnenrennen
Seite 142

Laserjagd

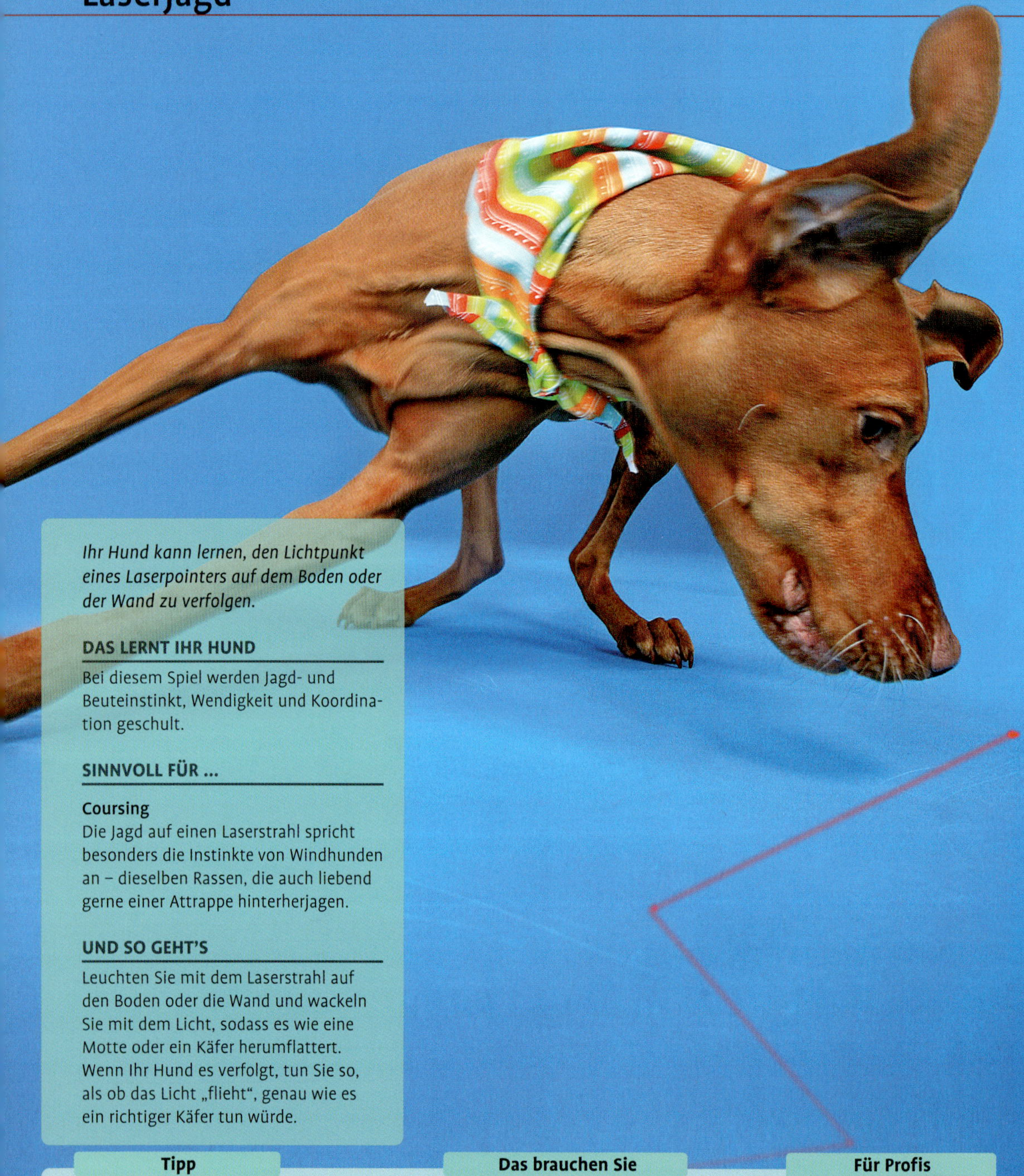

Ihr Hund kann lernen, den Lichtpunkt eines Laserpointers auf dem Boden oder der Wand zu verfolgen.

DAS LERNT IHR HUND

Bei diesem Spiel werden Jagd- und Beuteinstinkt, Wendigkeit und Koordination geschult.

SINNVOLL FÜR …

Coursing
Die Jagd auf einen Laserstrahl spricht besonders die Instinkte von Windhunden an – dieselben Rassen, die auch liebend gerne einer Attrappe hinterherjagen.

UND SO GEHT'S

Leuchten Sie mit dem Laserstrahl auf den Boden oder die Wand und wackeln Sie mit dem Licht, sodass es wie eine Motte oder ein Käfer herumflattert. Wenn Ihr Hund es verfolgt, tun Sie so, als ob das Licht „flieht", genau wie es ein richtiger Käfer tun würde.

Tipp

Zielen Sie niemals mit dem Laser-Pointer auf den Hund oder gar auf seine Augen! Manche Hunde sind verrückt nach diesem Spiel – solange Ihr Hund in Maßen mitspielt, ist alles in Ordnung.

Das brauchen Sie

Laserpointer sind nicht teuer und überall erhältlich. Manche Hunde jagen auch dem gebündelten Strahl einer Taschenlampe hinterher. Ein Laserlicht ist jedoch weitaus verlockender für sie.

Für Profis

Ferngesteuertes Auto
Seite 115

Ferngesteuertes Auto

Ferngesteuerte Autos bieten all das, was eine Jagd auf ein davonlaufendes Beutetier auch bietet!

DAS LERNT IHR HUND

Dieses Spiel trainiert den Jagd- und Beuteinstinkt Ihres Hundes ebenso wie seine Wendigkeit und Koordination.

SINNVOLL FÜR ...

Coursing

Beim Coursing verfolgt ein Hund ein Tierfell oder eine Plastiktüte, die an einem Seil gezogen wird. Die Jagd nach einem ferngesteuerten Auto ist ein ähnliches Spiel, bei dem Sie das Jagdobjekt sogar kontrollieren können.

UND SO GEHT'S

Achten Sie darauf, dass Sie Ihrem Hund mit diesem Spielzeug keine Angst einjagen. Steuern Sie das Auto anfangs in einiger Entfernung von Ihrem Hund. Dem Hund macht es mehr Spaß, wenn das Auto wie ein echtes Beutetier vor ihm „wegläuft". Halten Sie das Auto an und wenn Ihr Hund auf das Auto zugeht, um es zu untersuchen – lassen Sie es wegfahren!

Tipp

Hunde mögen dieses Spiel oder sie mögen es nicht. Probieren Sie es aus, ob Ihr Hund daran Gefallen findet.

Das brauchen Sie

Wenn Sie Bänder oder Fellstreifen hinten am Auto befestigen, hilft dies anfangs, Ihren Hund zu ködern, das Auto zu verfolgen.

Für Profis

Reizangel
Seite 116

Reizangel

Bei Hunden erwacht von Natur aus der Jagdinstinkt beim Anblick kleiner pelziger Gegenstände, die vor ihnen weglaufen. Machen Sie aus diesem Jagdtrieb ein Spiel, indem Sie Ihren Hund eine an einer Reizangel befestigte Attrappe verfolgen lassen.

DAS LERNT IHR HUND

Bei diesem Spiel werden Jagd- und Beuteinstinkt, Wendigkeit, Koordination und Konzentration gefördert.

SINNVOLL FÜR ...

Coursing
Spiele mit einer Reizangel bereiten Welpen und erwachsene Hunde auf den Coursing-Sport vor. Der Hund entwickelt Wendigkeit, Konzentration und den Trieb, den er braucht, um die Attrappe zu verfolgen.

Frisbee
Übungen mit einer Reizangel werden bei Frisbee-Hunden eingesetzt, um ihren Beutetrieb zu entwickeln. Dieser Beutetrieb wird später in den Spieltrieb umgewandelt, der dann dazu eingesetzt wird, dass der Hund Frisbees verfolgt und aus der Luft fängt.

UND SO GEHT'S:

1 Bauen Sie bei Ihrem Hund das Interesse an der Reizangel auf, indem Sie mit der Angel auf dem Boden hin- und herwedeln – immer von Ihrem Hund WEG. Ist Ihr Hund unsicher, halten Sie das Spielzeug auf dem Boden still und lassen Sie es "weglaufen", wenn Ihr Hund näherkommt.

2 Ihr Spielzeug sollte ein echtes Beutetier imitieren, das nicht gefangen werden will. Bleiben Sie mit dem Spielzeug gerade so außerhalb der Reichweite Ihres Hundes, damit sein Beutetrieb voll zum Zug kommt.

3 Wenn Ihr Hund begeistert hinterherjagt, lassen Sie ihn die „Beute" fangen. Spielen Sie Tauziehen mit Ihrem Hund, wenn er das Spielzeug fängt und bewegen Sie es unter gelegentlichem Rucken leicht hin und her (nicht vorwärts/rückwärts).

4 Denken Sie daran, dass das Spielzeug, wenn Ihr Hund es fallen lässt, wieder zur Beute wird, die versucht, vor ihm wegzurennen!

Tipp

Je nach Hund ist das Interesse an diesem Spiel mehr oder weniger stark ausgeprägt. Verstecken Sie bei Hunden, die sich anfangs nicht richtig trauen, einen Quietscher oder eine Futtertasche in der „Beute".

Das brauchen Sie

Eine Longierpeitsche ist in Geschäften für Reiterbedarf erhältlich. Sie können aber auch aus einer elastischen Peitsche von etwa 1,5 m Länge Ihre eigene Reizangel machen. Befestigen Sie eine Attrappe aus Tierfell, Leder, Flausch oder eine Plastiktüte daran.

Für Profis

Tauziehen
Seite 124

Roller (Anfängerwurf beim Frisbee)

Roller machen Ihrem Hund großen Spaß (und sind gleichzeitig eine gute Übung). Ihr Hund lernt, die Scheibe im Rollen zu erwischen – ohne die zusätzliche Schwierigkeit, sie aus der Luft zu fangen.

DAS LERNT IHR HUND

Mit Rollern lernt Ihr Hund das Jagen und Fangen sowie Koordination.

SINNVOLL FÜR ...

Frisbee
Roller sind die ersten Übungsschritte für den Hund, um einen Frisbee im Flug zu fangen.

Coursing
Zur Verfolgung eines rollenden Frisbees braucht der Hund dieselben Fertigkeiten wie bei der Verfolgung einer Attrappe. Roller sind eine Abwechslung für Ihr Training.

UND SO GEHT'S:

1 Gewöhnen Sie Ihren Hund an dieses neue lustige Spielzeug, indem Sie es werfen, Weglaufen oder Tauziehen mit ihm spielen.

2 Wecken Sie das Interesse Ihres Hundes, indem Sie den Frisbee auf dem Rand um seine eigene Achse rotieren lassen.

3 Zeigt sich Ihr Hund interessiert, werfen Sie einen „Roller" – rollen Sie den Frisbee. Fordern Sie Ihren Hund mit „Hol's! Hol's!" auf, den Frisbee zu verfolgen und loben Sie ihn überschwänglich, wenn er es tut.

4 Fordern Sie Ihren Hund auf, den Frisbee zu Ihnen zurückzubringen, indem Sie in die Hände klatschen und ihn rufen. Halten Sie einen zweiten Frisbee in der Hand. Wenn Ihr Hund herkommt, werfen Sie sofort den zweiten Frisbee. Kommt Ihr Hund nicht, laufen Sie ihm nicht hinterher, sondern kehren ihm stattdessen den Rücken zu und beachten ihn nicht.

Tipp

Interessiert sich Ihr Hund nicht für den Frisbee, drehen Sie die Scheibe einfach um und benutzen sie als Futternapf. Ihr Hund wird Anblick und Geruch des Frisbees mit seinem Futter verknüpfen.

Das brauchen Sie

Frisbees aus Hartplastik können Ihren Hund verletzen. Verwenden Sie nur speziell für Hunde entwickelte Frisbees, die aus weichem Kunststoff, biegsamem Gummi oder Segeltuch hergestellt sind.

Für Profis

Frisbees fangen
Seite 120

Frisbee fangen

Ein Frisbee im Flug ist für einen Hund von Natur aus faszinierend – er fliegt weg, wie ein Vogel.

DAS LERNT IHR HUND

Das Spiel mit dem Frisbee verstärkt seinen Jagd- und Beuteinstinkt und verbessert seine Koordination.

SINNVOLL FÜR ...

Frisbee
Beim Frisbee-Sport sind Tempo, Wendigkeit und Koordination gefragt. In einer Disziplin werden die Frisbees in schneller Folge hintereinander geworfen und der Hund muss blitzschnell reagieren, um jeden einzelnen Frisbee zu fangen.

UND SO GEHT'S:

1 Arbeiten Sie mit Ihrem Hund zuerst am Roller (Seite 118). Üben Sie auf weichem Untergrund, der einen guten Halt bietet (ein Rasen ist ideal). Halten Sie den Frisbee parallel zum Boden, die Finger unter den Rand gelegt und den Zeigefinger halb gestreckt.

2 Werfen Sie den Frisbee so, dass er von Ihrem Hund WEG fliegt und nicht auf ihn zu. Dabei stehen Sie mit den Schultern im rechten Winkel zu Ihrem Ziel. Ihr Arm mit dem Frisbee schwingt in Wurfrichtung und wandert vor den Körper. Lassen Sie den Frisbee mit einer ruckartigen Drehung aus dem Handgelenk schnellen.

3 Versucht Ihr Hund, den Frisbee zu fangen, loben Sie ihn ausgiebig und werfen Sie noch einen Frisbee. Wenn er nur zuschaut, wie der Frisbee zu Boden fällt, gehen Sie einen Schritt zurück und bauen Sie den Jagd- und Beutebesitztrieb mit Rollern auf.

4 Fordern Sie Ihren Hund auf, den Frisbee zu Ihnen zurückzubringen, indem Sie zwei identische Frisbees verwenden und ihm begeistert die zweite Scheibe zeigen, während Sie kein Interesse für den Frisbee zeigen, den Ihr Hund Ihnen bringt. Werfen Sie den zweiten Frisbee, sobald Ihr Hund den ersten fallen lässt.

Tipp

Hunde sollten so springen, dass sie mit allen Vieren gleichzeitig auf dem Boden aufkommen – sonst werden Gelenke zu sehr belastet. Es erfordert vom Menschen beträchtliche Geschicklichkeit, einen Frisbee zu werfen. Aus diesem Grund sollten Sie dreimal so viele Würfe alleine üben wie Ihr Hund Fänge übt.

Das brauchen Sie

Gängige Frisbees aus Hartplastik können Ihren Hund an Maul und Gebiss verletzen. Verwenden Sie nur speziell für Hunde entwickelte Frisbees, die aus weichem Kunststoff, biegsamem Gummi oder Segeltuch hergestellt sind.

Für Profis

Bring
Seite 144

Volleyball
Seite 154

Scootering

Diese unkomplizierte Sportart ist leicht zu lernen und verschafft Ihnen und Ihrem für diese Sportart geeigneten Hund Bewegung.

DAS LERNT IHR HUND

Beim Scootering baut Ihr Hund Kraft und Ausdauer auf.

SINNVOLL FÜR ...

Hundeschlittenrennen
Scootering ist eine Form des Wagenrennens (ähnlich dem Schlittenhunde- oder Schneerennen). Scootering klappt auch in Regionen, in denen kein Schnee fällt, und eignet sich für ein bis drei Hunde. Für Ihren Hund bedeutet Scootering volle Auslastung und für Sie eine mittlere Auslastung.

UND SO GEHT'S:

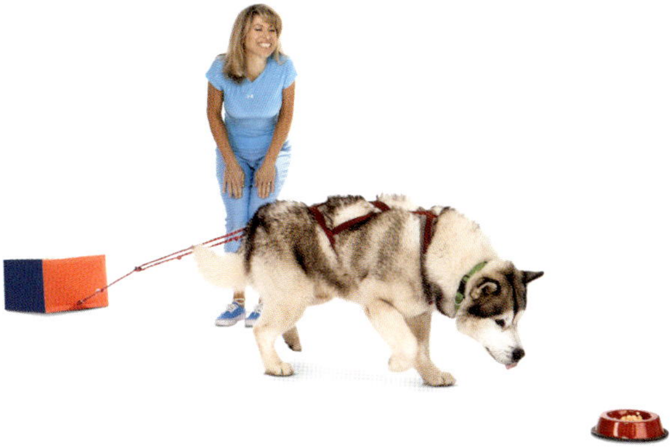

1 Befestigen Sie eine Zugleine am hinteren Ring des Hundegeschirrs. Stellen Sie den Futternapf mit ein paar Leckerli auf. Geben Sie mit begeisterter Stimme das Kommando „Vorwärts!“. Dieses Kommando bedeutet für den Hund, dass er ziehen soll.

2 Befestigen Sie die Zugleine an einer Kiste und machen Sie einen erneuten Versuch. Das Geräusch der Kiste wird Ihren Hund vielleicht erschrecken. Bleiben Sie daher in der Nähe und ermuntern Sie ihn ständig.

3 Probieren Sie es nun mit dem Scooter aus. Achten Sie darauf, dass die Zugleine nicht durchhängt und unter die Räder gerät.

4 Es können bequem bis zu drei Hunde vor einem Scooter laufen. Am besten laufen Hunde bei kühler Witterung und in unbekannter Umgebung.

Tipp

Ein Hund wird mit noch mehr Begeisterung laufen, wenn er gegen andere Hunde antritt. Trommeln Sie ein paar Freunde mit Hunden zusammen und fahren Sie gemeinsam.

Das brauchen Sie

Speziell für Hunde entwickelte Scooter haben Geländereifen und sind robust gebaut. Der Hund muss ein Schlittenhundgeschirr tragen, das mit einer mit Ruckdämpfern versehenen Zugleine am Scooter befestigt ist. Tragen Sie Helm, Handschuhe, eine Sonnen- oder Schutzbrille und geeignete Schuhe. Nehmen Sie Wasser, ein Erste-Hilfe-Set und ein Handy bzw. einen GPS-Sender mit.

Für Profis

Auf der Hinterhand laufen

Seite 126

Tauziehen

Viele Hunde spielen sehr gerne Tauziehen mit ihren Besitzern. Dieses energiegeladene Spiel ist inzwischen unter Hundetrainern als Belohnung für den Hund sehr populär geworden.

DAS LERNT IHR HUND

Bei diesem Spiel kann Ihr Hund Kraft aufbauen.

SINNVOLL FÜR ...

Motivation für Sporthunde
In sehr bewegungsintensiven Hundesportarten wie Agility, Flyball, Weitsprung ins Wasser, Vielseitigkeitssport und Obedience ist der Einsatz des Tauziehens als Belohnung sehr populär geworden. Hat der Hund Gefallen am Tauziehen, kann man dieses Spiel als Belohnung für gute Arbeit im Hundesport einsetzen.

UND SO GEHT'S:

1 Nehmen Sie ein langes, biegsames Spielzeug, am besten mit Flatterbändern aus Fell, Flausch oder Leder. Quietscher oder Futtertaschen sind besonders verlockend.

2 Spielen Sie mit dem Spielzeug. Bewegen Sie es dabei immer vom Hund weg, damit er es verfolgen muss. Werfen Sie es in die Luft und fangen es wieder auf oder werfen Sie es quer durch den Garten und rennen Sie mit dem Hund hinterher.

3 Ist Ihr Hund mit ganzem Herzen bei der Sache, lassen Sie ihn das Spielzeug fangen und sagen Sie „Zieh!" Bewegen Sie das Spielzeug unter gelegentlichem Rucken leicht hin und her (nicht vorwärts/rückwärts).

4 Nach ein paar Sekunden Tauziehen lassen Sie zur Belohnung Ihren Hund das Spielzeug aus Ihrer Hand ziehen. Will Ihr Hund nicht so richtig dran ziehen, lassen Sie das Spielzeug los, sobald er es packt und loben Sie ihn ausgiebig.

Tipp

Hunde, die anfänglich nicht am Tauziehen interessiert sind, reagieren vielleicht auf Zerrspielzeuge, die mit Futter befüllt werden können. Für selbstbewusste Hunde ist dieses Spiel eventuell nicht geeignet.

Das brauchen Sie

Beginnen Sie mit einem langen und biegsamen Spielzeug aus dünnem griffigem Material. Gute Spielzeuge für den Triebaufbau sind aus Flausch, Fell oder Leder mit Flatterbändern (Tintenfischform). Die Spielzeuge gibt es mit Quietscher oder Futtertasche, mit denen man zurückhaltende Hunde aus der Reserve locken kann.

Für Profis

Logiktest
Seite 38

Leckerli-Angeln
Seite 40

Auf der Hinterhand laufen

Helfen Sie Ihrem Hund, auf der Hinterhand zu laufen, indem er sich auf Ihrem Arm abstützen darf, um das Gleichgewicht besser halten zu können.

DAS LERNT IHR HUND

Diese Übung ist ein gutes Krafttraining und fördert sowohl Gleichgewicht wie Koordination der Hinterhand Ihres Hundes.

SINNVOLL FÜR ...

Dogdancing
Diese Tanzfigur können Sie zu Ihrer Choreographie hinzunehmen.

Bewegung & Fitness
Auf der Hinterhand stehen und laufen stärkt bei einem gesunden Hund die Rumpf- und Beinmuskulatur.

UND SO GEHT'S:

1 Halten Sie Ihren Arm vor die Brust – so haben Sie den besten Halt. Nehmen Sie ein Leckerli in die andere Hand und locken Sie Ihren Hund, seine Vorderpfoten auf Ihren Arm zu legen. Sie können seine Pfoten auch auf Ihren Arm legen, wenn Ihr Hund das zulässt.

2 Diese Körperhaltung sollte sich für Ihren Hund lohnen – lassen Sie ihn also an Leckerli aus Ihrer Hand knabbern (am besten nimmt man zu Beginn gleich eine ganze Handvoll).

3 Treten Sie einen kleinen Schritt zurück und ziehen Sie das Leckerli weg, sodass sich Ihr Hund vorbeugen muss, um an das Leckerli zu kommen.

4 Auf diese Weise wird er hoffentlich einen Schritt auf Sie zu machen. Jetzt läuft er!

Tipp

Diese Übung braucht viel Kraft und kann Ihren Hund ermüden. Springt er ständig von Ihrem Arm herunter, kann es sein, dass er müde wird oder Schmerzen hat. In letzerem Fall ist die Übung für ihn ungeeignet.

Für Profis

Physio-Rolle Erdnuss *Seite 98*

Männchen machen *Seite 128*

Männchen machen

Männchen machen verbessert das Gleichgewicht Ihres Hundes und stärkt seine Rumpfmuskulatur.

DAS LERNT IHR HUND

Diese Übung eignet sich gut als Kraft- und Gleichgewichtstraining.

SINNVOLL FÜR ...

Bewegung & Fitness
Diese Übung stärkt bei einem gesunden Hund die Rumpfmuskulatur.

UND SO GEHT'S:

1 Bringen Sie Ihren Hund ins Sitz. Stehen Sie direkt hinter ihm und stellen Sie Ihre Füße als „V". Halten Sie ein Leckerli vor seine Nase, damit er aufmerksam bleibt.

2 Bewegen Sie das Leckerli langsam nach oben, sodass Ihr Hund den Kopf nach hinten legt und Männchen machen muss.

3 Stabilisieren Sie mit der anderen Hand seine Brust und lassen Sie ihn in der Stellung an Leckerli knabbern. Er darf sich ruhig mit dem Rücken an Sie anlehnen.

4 Nehmen Sie ein Bein weg, sodass Ihr Hund sich nur noch an einem Bein anlehnt. Unterstützen Sie ihn mit einer Hand hinten am Nacken. In dieser Stellung braucht Ihr Hund mehr Kraft, um sein Gleichgewicht zu halten.

Tipp

Manchen Hunden fällt diese Übung sehr leicht, anderen wiederum fällt es viel schwerer, ihr Gleichgewicht zu halten. Springt Ihr Hund nach dem Leckerli, bewegen Sie es langsamer. Stellt sich Ihr Hund auf die Hinterhand, halten Sie Ihre Hand tiefer und sagen Sie „Sitz". Halten Sie das Leckerli auf Höhe seines Gesichts.

Für Profis

Auf der Hinterhand laufen
Seite 126

Dem Zeigefinger folgen

Hunde können die Richtungskommandos des Menschen verstehen, wie zum Beispiel das Zeigen. Sie glauben es nicht? Probieren Sie es selbst aus!

DAS LERNT IHR HUND

Bei diesem Spiel lernt Ihr Hund, Richtungskommandos zu befolgen.

SINNVOLL FÜR ...

Agility
Mit Armzeichen wird der Hund durch den Parcours geführt.

Apportieren im Gelände
Mit Armzeichen wird der Hund in die Richtung eingewiesen, wo der gefallene Vogel liegt.

Obedience
Bei verschiedenen Aufgaben einschließlich Springen auf Anweisung und Apport mit Einweisen werden Armzeichen verwendet.

UND SO GEHT'S:

1 Legen Sie ein Leckerli in einen Eimer, aber ohne dass der Hund es bemerkt. Bringen Sie Ihren Hund ins Sitz-Bleib.

2 Zeigen Sie auf den Eimer und geben Sie das Kommando „Los!". Lassen Sie ihn das Leckerli finden und fressen. Wiederholen Sie diese Übung solange, bis Ihr Hund schnell und ohne Umwege zum Eimer geht.

3 Stellen Sie zwei Eimer auf, einen zu Ihrer Rechten und einen zu Ihrer Linken. Nur ein Eimer enthält ein Leckerli. Zeigen Sie auf den Eimer mit dem Leckerli und geben Sie das Kommando „Los!".

4 Geht Ihr Hund zum falschen Eimer, stoppen Sie ihn und fangen Sie wieder von vorne an. Lassen Sie ihn nicht zum falschen Eimer gelangen. Geht er zum richtigen Eimer, bekommt er das Leckerli!

Tipp

Ihr Hund überrascht Sie, weil er besser ist, als Sie glauben! Fällt es Ihrem Hund schwer, das Sitz-Bleib zu halten, lassen Sie ihn von einer Hilfsperson festhalten. Diese sollte möglichst wenig sagen und tun, um Ihren Hund nicht zu beeinflussen.

Das brauchen Sie

Verwenden Sie zwei identische Eimer oder Kisten, die groß genug sind, damit Ihr Hund das Leckerli problemlos rausholen kann.

Für Profis

Einweisen
Seite 138

Markierungsscheibe

Ihr Hund läuft zu einer Markierung und berührt sie.

DAS LERNT IHR HUND

Bei diesem Spiel lernt der Hund, zu einer Markierung zu laufen und Richtungskommandos zu befolgen.

SINNVOLL FÜR ...

Tierdarsteller
Das erste Verhalten, das ein Tierdarsteller auf der Bühne lernt, ist das Kommando „Geh zu deiner Markierung“. Für die Markierung wird eine sehr kleine Markierungsscheibe benutzt.

Dogdancing
Eine der schwierigeren Aufgaben beim Freestyle-Dogdancing ist es, dem Hund beizubringen, vom Hundeführer weg zu einem bestimmten Punkt zu laufen. Zum Üben dieser Aufgabe werden Markierungsscheiben oder Touchpads verwendet.

Agility
Vor den Abgang eines Kontakthindernisses (z.B. einer A-Wand) wird eine Markierungsscheibe hingelegt, damit der Hund lernt, unten am Hindernis anzuhalten.

Obedience
Zum Üben des Vorausschickens, bei dem der Hund in gerader Linie vom Hundeführer wegläuft, werden Markierungsscheiben benutzt.

UND SO GEHT'S:

1 Legen Sie eine Markierungsscheibe auf einen niedrigen Schemel. Halten Sie Ihrem Hund ein Leckerli vor die Nase und führen Sie es langsam über den Schemel. Sobald Ihr Hund seine Vorderpfoten auf den Schemel setzt, sagen Sie „Gut!“ und belohnen ihn mit dem Leckerli.

2 Im nächsten Schritt legen Sie die Markierungsscheibe auf einen etwas kleineren und flacheren Gegenstand, wie z.B. einen umgedrehten Futternapf. Geben Sie das Kommando „Markierung!“ und bringen Sie den Hund dazu, auf die Markierung zu treten. Geben Sie dem Hund die Belohnung immer dann, wenn seine Pfoten auf der Markierung sind.

3 Legen Sie die Markierungsscheibe auf einen noch flacheren Gegenstand, wie z.B. auf eine Frisbeescheibe. Kommt Ihr Hund an irgendeinem Punkt durcheinander, gehen Sie einen Übungsschritt zurück.

4 Legen Sie schließlich die Markierungsscheibe direkt auf den Boden. Inzwischen sollten Sie Ihren Hund zu der Markierungsscheibe vorausschicken können, statt ihn direkt zu locken.

Tipp

Auch wenn die Versuchung groß ist, ein paar Übungsschritte zu überspringen und die Markierungsscheibe gleich auf den Boden zu legen – Sie werden schneller zum Erfolg kommen, wenn Sie den Höhenunterschied der Markierungsscheibe langsam verringern. Das geht in der Regel schnell und braucht nur ein paar Wiederholungen.

Das brauchen Sie

Basteln Sie sich Ihre eigene Markierungsscheibe aus einem Metalldeckel eines Konservenglases, einem Teppichbodenrest o.Ä. Sehr flache oder Metallgegenstände sind am besten, da Ihr Hund nicht in Versuchung gerät, sie zu apportieren.

Für Profis

Hundeklingel
Seite 134

Hundeklingel

Keine Lust mehr auf Kratzer an der Tür? Bringen Sie Ihrem Hund bei, stattdessen auf eine elektronische Hundeklingel zu treten. Sehr praktisch!

DAS LERNT IHR HUND

Dieses Spiel fördert die Verständigung und Koordination. Zugleich lernt der Hund, zu einer Markierung zu gehen.

SINNVOLL FÜR …

Stubenreinheit
Hundeklingeln können innen wie außen verwendet werden: wenn Ihr Hund raus oder rein möchte. Besonders bei der Erziehung zur Stubenreinheit kann dieses Verhalten praktisch sein.

Assistenzhund
Assistenzhunde können darauf trainiert werden, einen Notfallknopf am Telefon zu drücken oder auf einen Schalter, damit das Licht angeht.

UND SO GEHT'S:

1 Kleben Sie die Hundeklingel auf einem niedrigen Schemel fest. Locken Sie Ihren Hund mit einem Leckerli, sodass er mit den Vorderpfoten auf den Schemel steigt. Macht er es, sagen Sie „Gut!" und belohnen ihn mit dem Leckerli. Steigt er zufällig von allein auf die Klingel und es ertönt der Klingelton, geben Sie ihm mindestens drei Leckerli!

2 Im nächsten Schritt kleben Sie die Hundeklingel auf einen flacheren Gegenstand, z.B. einen umgedrehten Futternapf. Stellen Sie sich gegenüber von Ihrem Hund auf, die Klingel befindet sich zwischen Ihnen beiden. Sagen Sie „Klingel!" und versuchen Sie, den Hund dazu zu bringen, auf die Klingel zu treten.

3 Kleben Sie die Klingel auf einen noch flacheren Gegenstand. Bei einem so flachen Gegenstand wird Ihr Hund die Klingel nahezu jedes Mal, wenn er drauftritt, zum Klingeln bringen. Belohnen Sie ihn jedes Mal, wenn es klingelt.

4 Befestigen Sie schließlich die Klingel direkt auf dem Boden. Möglicherweise kratzt Ihr Hund an der Klingel, daher muss sie gut am Boden fixiert sein.

Tipp

Sobald Ihr Hund den Dreh raus hat, auf die Klingel zu treten, lassen Sie ihn drauftreten, bevor Sie für ihn die Tür öffnen. Er wird schnell verstehen!

Das brauchen Sie

Elektronische Hundeklingeln sind batteriebetrieben und bestehen aus dem Klingelknopf, auf den Ihr Hund tritt, sowie einem kleinen Funklautsprecher. Der Lautsprecher kann bis zu 12 m vom Klingelknopf entfernt aufgestellt werden.

Für Profis

Türglocke läuten
Seite 152

Podest

Hunde sitzen oder liegen von Natur aus gerne erhöht. Der Platz auf einem Podest wird Ihrem Hund schnell gefallen.

DAS LERNT IHR HUND

Bei dieser Übung lernt Ihr Hund Selbstbeherrschung und auf einer Markierung zu bleiben.

SINNVOLL FÜR …

Agility
Das Podest ähnelt dem „Pausentisch"-Hindernis beim Agility.

Gutes Benehmen & Selbstbeherrschung
Podesttraining (auch „Platztraining" genannt) bedeutet, dass der Hund zu einem bestimmten Punkt geht und auch dort bleibt (es kann auch einfach sein Liegeplatz sein). Platztraining bietet sich an, wenn Sie in Ruhe essen möchten oder wenn Besuch kommt, damit Ihr Hund ruhig liegen bleibt. Am einfachsten ist dieses Lernziel mit einem erhöhten Podest zu erreichen. Ein Liegeplatz ist hierfür nicht so gut geeignet, da Hunde von niedrigen Punkten gerne wegkriechen.

Rettungsdienst
Ein Rettungshund muss zeigen, dass er in der Lage ist, mindestens 76 cm hoch auf ein Podest zu springen.

UND SO GEHT'S:

1 Wecken Sie das Interesse Ihres Hundes an einem Leckerli und führen Sie es langsam über das Podest. Ihr Hund wird seine Pfoten auf das Podest stellen, um an das Leckerli zu kommen. Macht er dies, lassen Sie ihn an dem Leckerli in Ihrer Hand knabbern.

2 Sagen Sie als nächstes „Geh rauf" und führen Sie das Leckerli weiter über das Podest, sodass Ihr Hund darauf steigen muss, um heranzukommen. Umkreist Ihr Hund ständig das Podest, geben Sie ihm auch ein Leckerli, wenn er nur seine Vorderpfoten auf das Podest stellt – nicht, dass er die Lust verliert und weggeht.

3 Während Ihr Hund auf dem Podest sitzt, geben Sie ihm das Kommando „Bleib". Loben Sie ihn und geben Sie ihm Leckerli, solange er oben auf dem Podest sitzt. Wenn er weiß, dass er immer wieder mal ein Leckerli bekommt, ist das für ihn Motivation, immer länger auf dem Podest sitzen zu bleiben.

4 Ihr Hund sollte solange auf dem Podest sitzenbleiben, bis Sie ihn mit „Runter" freigeben. Springt er vorzeitig ab, lassen Sie ihn wieder auf das Podest steigen (versuchen Sie es zuerst ohne und im Bedarfsfall mit Leckerli).

Tipp

Entscheidend für das Training ist die Belohnung des Hundes, wenn er AUF das Podest steigt. Belohnen Sie ihn jedoch niemals, wenn er vom Podest ABsteigt (auch wenn Sie ihm das Kommando dazu gegeben haben).

Das brauchen Sie

Das Podest sollte erhöht und stabil gebaut sein sowie eine rutschfeste Oberfläche haben. Als Podeste eignen sich z.B. ein umgedrehter Wassereimer für Pferde, ein erhöhter Liegeplatz des Hundes, die obere Hälfte einer Hundekiste aus Kunststoff, ein Hocker oder ein Pausentisch wie beim Agility.

Für Profis

Podest-sprung *Seite 30*

Einweisen *Seite 138*

Einweisen

Schicken Sie Ihren Hund mit Armzeichen nach links oder nach rechts.

DAS LERNT IHR HUND

Bei dieser Übung lernt Ihr Hund, Ihre Einweisungszeichen zu erkennen.

SINNVOLL FÜR ...

Apport im Gelände
Der Hundeführer weist seinen Hund mittels Armzeichen in Richtung des gefallenen Vogels ein.

Rettungsdienst
Rettungshunde müssen ihre Fähigkeit unter Beweis stellen, dass sie einer Einweisung mittels Armzeichen zu entfernt stehenden, erhöhten Podesten folgen können.

Agility
Mittels Armzeichen wird der Hund nach links oder rechts geschickt.

UND SO GEHT'S:

1 Bringen Sie Ihrem Hund als Erstes bei, auf ein Podest zu steigen (Seite 136). Geben Sie Ihrem Hund das Kommando „Sitz-Bleib“. Dabei sitzt der Hund zwischen zwei Podesten, die von seiner Sitzposition aus leicht vorgerückt sind (da Ihr Hund automatisch nach vorne, zu Ihnen, gehen möchte, nicht nur nach links oder rechts).

2 Bewegen Sie sich langsam. Strecken Sie zuerst Ihren Arm aus, sagen Sie dann „Hoch“ und beugen Sie sich in Richtung eines Podestes. Geben Sie das Armzeichen eine Sekunde, bevor Sie sich vorbeugen und das Hörzeichen geben.

3 Gehen Sie nach vorn und belohnen Ihren Hund, solange er noch auf dem Podest sitzt. Geben Sie nach ein paar Sekunden das Kommando „Runter“. Führen Sie den Hund wieder in die Mitte und versuchen Sie, Ihren Hund auf das andere Podest einzuweisen.

4 Mit zunehmendem Fortschritt Ihres Hundes brauchen Sie sich nicht mehr in Richtung Podest zu beugen, Ihr Hund wird einfach auf Grund Ihres Armzeichens loslaufen. Geht Ihr Hund zum falschen Podest, stoppen Sie ihn mit Ihrer Stimme, bevor er das Podest erreicht. Führen Sie ihn wieder zurück in die Mitte und versuchen Sie es nochmals.

Tipp

Zu Anfang sollten die Podeste nah beieinander stehen. Bauen Sie erst mit der Zeit Distanz auf. Beherrscht Ihr Hund die Einweisung nach links und rechts, nehmen Sie nochmals zwei Podeste hinzu und bringen ihm „Hier“ und „Los“ bei.

Das brauchen Sie

Verwenden Sie zwei identische, erhöhte Podeste. Bei Apportübungen werden in der Regel Holzpodeste verwendet, die etwa 20 cm hoch sind.

Für Profis

Handzeichen
Seite 140

Handzeichen

Bringen Sie Ihrem Hund bei, auf Ihre Handzeichen zu reagieren.

DAS LERNT IHR HUND

Mit Handzeichen lernt Ihr Hund eine neue Form der Verständigung.

SINNVOLL FÜR ...

Tierdarsteller

Set-Trainer können während der Filmaufzeichnung keine Hörzeichen verwenden, daher trainieren sie Tierdarsteller darauf, auf Handzeichen zu reagieren. Innerhalb der Filmindustrie werden immer dieselben Handzeichen verwendet, damit jeder Set-Trainer mit jedem Tierdarsteller arbeiten kann.

Obedience

Bei manchen Obedience-Aufgaben dürfen Hunde auf Handzeichen reagieren.

UND SO GEHT'S:

1 Handzeichen entstehen aus dem ursprünglichen Locken des Hundes. Das Handzeichen für „Sitz“ sieht aus wie die Bewegung, den Kopf des Hundes nach oben zu locken, oder auch der erhobene Zeigefinger.

2 Beginnen Sie mit einem Verhalten, das Ihr Hund bereits kennt. Geben Sie das Handzeichen, warten Sie eine Sekunde und geben Sie dann Ihr Hörzeichen. Belohnen Sie Ihren Hund, wenn er das Verhalten ausführt.

3 Ihr Hund möchte schnellstmöglich an das Leckerli kommen. Er wird lernen, dass auf Ihr Handzeichen immer noch das Hörzeichen folgt. Er lernt, mit seinem Verhalten bereits auf das Handzeichen zu reagieren, um schneller an sein Leckerli zu kommen.

Tipp

Hunde reagieren äußerst gut auf Handzeichen. Sobald Ihr Hund einmal ein Handzeichen verstanden hat, wird er weitaus besser auf das Handzeichen als auf das Hörzeichen reagieren. Wenn Sie z.B. „Sitz“ sagen, aber das Handzeichen für „Platz“ geben, wird Ihr Hund sich vermutlich hinlegen.

Für Profis

Einweisen
Seite 138

Tonnenrennen

Bei dieser ursprünglich aus dem Reitsport stammenden Disziplin treten Hunde gegeneinander auf Zeit an und laufen einen Parcours um mehrere Fässer.

DAS LERNT IHR HUND

Dieses aktive Spiel fördert die Wendigkeit Ihres Hundes und er lernt zugleich das Richtungskommando „Geh rum“.

SINNVOLL FÜR ...

Barrel Racing-Wettbewerb
Das Tonnenrennen (Barrel Racing) hat seinen Ursprung in Rodeos, wo Reiter einen kleeblattförmigen Parcours durchreiten und dabei drei Fässer umrunden. Inzwischen gibt es diesen Wettbewerb auch für Hunde. Der Hundeführer steht hinter der Startlinie und führt seinen Hund um jedes Fass.

Hütearbeit
Beim Schafehüten umkreist der Hund eine Gruppe von Schafen, damit sie eng zusammenbleiben. Das Tonnenrennen ist eine Vorbereitung auf dieses Umkreisen.

Agility
Das Agility-Kommando „Voraus“ bedeutet dem Hund, dass er von Ihnen weg und über ein Hindernis laufen soll. Das Tonnenrennen ist auch eine Form des Vorausschickens.

Dogdancing
Das „Geh rum“ ist eine Grundfigur, bei der der Hund von seinem Hundeführer wegläuft und eine Requisite umrundet. Das Tonnenrennen ist also eine Umrundung.

UND SO GEHT'S:

1 Stellen Sie ein Fass oder einen Kegel auf, den Ihr Hund umrunden soll. Stellen Sie einen Sperrzaun zum Ausziehen oder ein kleines Hindernis auf, das zu dem ersten Hindernis hinführt. Locken Sie Ihren Hund mit einem Leckerli den Zaun entlang, um den Kegel herum und wieder auf der anderen Seite des Zauns zurück.

2 Schieben Sie den Zaun etwas von dem Kegel zurück und wiederholen Sie die Übung. Sagen Sie „Geh rum" und warten Sie kurz vor dem Kegel, sodass Ihr Hund diesen letzten Abschnitt alleine gehen muss.

3 Schieben Sie den Zaun noch weiter von dem Kegel zurück. Treten Sie einen Schritt zurück, sobald Ihr Hund den Kegel umrundet hat, damit er mehr Platz hat, um zu Ihnen zurückzulaufen.

4 Nehmen Sie schließlich den Zaun ganz weg. Schicken Sie Ihren Hund mit einer schwungvollen Armbewegung und dem Kommando „Geh rum!" voraus. Klappt es nicht, braucht man manchmal nur ein kleines Stück Zaun, damit er wieder weiß, was er tun soll.

Tipp

Pfötelt Ihr Hund an dem Kegel anstatt ihn zu umrunden, versuchen Sie es stattdessen mit einem Fass oder Mülleimer aus Metall.

Das brauchen Sie

Nehmen Sie einfach irgendeinen stabilen Gegenstand, der höher ist als der Kopf Ihres Hundes, wie z.B. einen Mülleimer oder einen Verkehrskegel.

Für Profis

„Zick" & „Zack" *Seite 110*

Bring

Mit einem Bring-Spiel können Sie und Ihr Hund sich stundenlang beschäftigen und bewegen (Ihr Hund vermutlich mehr als Sie!).

DAS LERNT IHR HUND

Dieses amüsante Spiel ist eine sinnvolle Apport-Übung.

SINNVOLL FÜR …

Flyball
Flyball ist ein Staffellauf, bei dem jeder Hund auf einer Hürdenbahn alle Hürden überspringt, am Ende der Bahn einen Ball fängt und diesen zur Startlinie zurückbringt.

Obedience
Das Bringen eines Apportels ist fester Bestandteil von Obedience-Wettbewerben.

Apport im Gelände
Manche Jagdhunde werden darauf trainiert, einen geschossenen Vogel zu orten und zu apportieren. Häufig werden bei Apportierwettbewerben Gummidummys als Ersatz für echte Vögel eingesetzt.

Assistenzhund
Das Apportieren von Gegenständen ist die wichtigste Fertigkeit, die von einem Assistenzhund erwartet wird. Der Hund kann einen heruntergefallenen Gegenstand oder einen Gegenstand aus dem Nachbarzimmer bringen.

UND SO GEHT'S:

1 Schneiden Sie mit einem Teppichmesser einen 2,5 cm langen Schlitz in einen hohlen Gummiball für Hunde.

2 Drücken Sie den Schlitz auf und zeigen Ihrem Hund, wie Sie Leckerli in den Ball stecken.

3 Wecken Sie das Interesse Ihres Hundes an dem Ball, indem Sie ihn herumhüpfen lassen und wie beim Basketball dribbeln. Werfen Sie den Ball spielerisch und fordern Sie Ihren Hund auf, ihm hinterherzulaufen. Versuchen Sie, dass er den Ball zu Ihnen zurückbringt.

4 Bringt Ihr Hund den Ball (schließlich) zurück, drücken Sie ihn auf, damit die Leckerli für ihn herausfallen. Da Ihr Hund die Leckerli unmöglich selbst herausbekommen kann, wird er schnell lernen, Ihnen den Ball zurückzubringen, um seine Belohnung zu bekommen.

Tipp

Laufen Sie niemals Ihrem Hund hinterher, wenn er „Weglaufen" spielt. Locken Sie ihn mit einem Leckerli zurück oder laufen Sie vor ihm weg, was ihn zum Verfolgen animiert.

Das brauchen Sie

Übermäßiges Herumkauen auf Tennisbällen kann zu Abnutzungserscheinungen am Gebiss des Hundes führen. Ist Ihr Hund so ein Kauspezialist, nehmen Sie lieber einen Gummiball. Der Ball sollte groß genug sein, damit Ihr Hund ihn nicht verschlucken kann, und weich genug, dass er sich beim Fangen aus der Luft nicht verletzen kann.

Für Profis

Roller
Seite 118

Flyball
Seite 146

Flyball

Es ist Adrenalin pur, wenn Ihr Hund losrennt, um den Auswurf eines Balls aus der Flyballbox auszulösen und diesen zu apportieren.

DAS LERNT IHR HUND

Dieses Spiel fördert die Koordination und das Apportiergeschick.

SINNVOLL FÜR ...

Flyball/Flygility
Beim Flyball (und auch bei der weniger bekannten Sportart Flygility) springt der Hund gegen den Auslösemechanismus einer Flyballbox, wodurch ein Ball ausgeworfen wird, den er fängt und zur Ziellinie bringt.

UND SO GEHT'S:

1 Bringen sie zuerst Ihrem Hund das Kommando „Bring" bei (Seite 144). Werfen Sie den Ball in Richtung Flyballbox und lassen Sie ihn von Ihrem Hund zurückbringen. Manchen Hunden gefällt das Apportieren, die meisten Hunde brauchen jedoch ein Leckerli als Belohnung.

2 Als nächstes stecken Sie den Ball in das Loch der Flyballbox. Lassen Sie Ihren Hund mindestens 3 m entfernt starten und schicken Sie ihn freudig zum Bringen los. Wenn Sie ihn mit viel Energie losschicken, wird er hoffentlich mit Schwung auf die Box springen und den Ballauswurf auslösen.

3 Löst er den Ballauswurf nicht aus, müssen Sie das für ihn tun. Stellen Sie sich dicht neben die Flyballbox und wenn Ihr Hund die Box berührt, drücken Sie mit dem Fuß auf das Brett, damit der Ball ausgeworfen wird. Loben Sie Ihren Hund freudig, sodass er glaubt, ER hat den Ballauswurf ausgelöst.

4 Vergrößern Sie allmählich die Entfernung, sodass Ihr Hund mit voller Geschwindigkeit rennen kann, um den Ballauswurf auszulösen.

Tipp

Der Trick bei diesem Spiel ist es, den Hund richtig heiß zu machen, damit er schnell rennt und mit genügend Kraft mit den Vorderpfoten gegen die Flyballbox springt, sodass der Ball ausgeworfen wird. Wenn Ihr Hund an dem Ballloch kratzt, nehmen Sie ihn einfach wieder zurück und versuchen es erneut.

Das brauchen Sie

Eine Flyballbox ist eine Box mit schräger Oberfläche, in der ein Ball federgelagert ist. Sobald der Hund mit seinen Vorderpfoten auf die Box auftrifft, springt der Ball heraus.

Für Profis

Roller
Seite 118

Nasenstüber

Bei diesem lustigen und leichten Spiel stupst Ihr Hund Ihre Hand mit seiner Nase an. Dieses Spiel ist sehr praktisch, wenn der Hund zu Ihnen kommen soll.

DAS LERNT IHR HUND

Mit diesem Spiel lernt Ihr Hund, mit seiner Nase ein Ziel zu berühren.

SINNVOLL FÜR ...

Freestyle Dogdancing
Beim Freestyle benutzt der Hundeführer häufig seine Hände als „Ziel“, dem der Hund folgen soll. Mit der Hand als Ziel kann man dem Hund beibringen, sich im Kreis zu drehen oder Slalom durch die Beine zu laufen.

UND SO GEHT'S:

1 Zeigen Sie Ihrem Hund, wie Sie ein Leckerli zwischen Ihre Finger nehmen.

2 Strecken Sie Ihre Hand auf Höhe der Hundenase aus und sagen Sie „Nase!“. Bemerkt Ihr Hund das Leckerli nicht, wedeln Sie mit der Hand und zeigen Sie mit der anderen Hand auf das Leckerli.

3 Sobald die Nase Ihres Hundes Ihre Hand berührt, sagen Sie „Gut!“ und geben ihm das Leckerli.

4 Hat Ihr Hund das Spiel begriffen, versuchen Sie das Ganze ohne Leckerli zwischen den Fingern. Sagen Sie „Gut!“, sobald Ihr Hund Ihre Hand berührt und geben Sie ihm ein Leckerli, das Sie in Ihrer anderen Hand hinter dem Rücken versteckt hatten.

Tipp

Hunde lieben dieses Spiel und lernen es sehr schnell. Bewegen Sie Ihre Hand nicht auf die Nase Ihres Hundes zu, sondern achten Sie darauf, dass er auf Sie zukommt.

Für Profis

Targetstab
Seite 150

Targetstab

Einen Targetstab mit der Nase zu berühren ist eine in der Hundeausbildung und im Hundesport vielseitig einsetzbare Fertigkeit.

DAS LERNT IHR HUND

Ihr Hund lernt genaues Zielen.

SINNVOLL FÜR ...

Tierdarsteller
Von Set-Trainern werden Targetstäbe dazu verwendet, den Hund auf Distanz zu bewegen bzw. zu führen.

Freestyle Dogdancing
Beim Freestyle benutzt man den Targetstab, um komplexe Bewegungen zu trainieren, wie z.B. den Slalom des Hundes durch die Beine des Hundeführers.

UND SO GEHT'S:

1 Geben Sie einen Klecks Futter auf das eine Ende des Targetstabs. Ihr Hund wird möglicherweise an Ihrer Hand schnüffeln, halten Sie daher den Stab mit dem Ball mehr in Richtung des Hundes. Berührt Ihr Hund den Stab (entweder mit der Nase oder der Zunge), sagen Sie „Gut!" und geben ihm ein Leckerli.

2 Nach einigen Wiederholungen versuchen Sie es ohne das Futter. Der Targetstab riecht wahrscheinlich immer noch danach, was aber ausreicht, damit Ihr Hund wieder daran schnüffelt. Sobald er den Stab berührt, sagen Sie „Gut!" und geben ihm ein Leckerli.

3 Hat Ihr Hund das Spiel begriffen, können Sie den Stab unterschiedlich hoch bzw. niedrig halten.

4 Jetzt kann Ihr Hund einem beweglichen Ziel folgen, indem Sie den Targetstab von ihm weg bewegen.

Tipp

Die größte Hürde besteht oft darin, den richtigen Targetstab zu finden, den Ihr Hund zwar gut erkennen kann, der aber nicht so verlockend aussieht, dass er reinbeißen möchte.

Das brauchen Sie

Professionelle Targetstäbe sind Teleskopstäbe mit einem kleinen Kunststoff- oder Metallball am vorderen Ende. Manche Targetstäbe haben einen Klicker am Griff. Wenn Sie Ihren eigenen Stab basteln wollen, nehmen Sie einen kleinen Ball, der Ihren Hund nicht zum Hineinbeißen verführt.

Für Profis

Malkunst
Seite 160

Türglocke läuten

Hängen Sie eine Glocke an Ihren Haustürgriff, damit Ihr Hund daran klingeln kann, wenn er hinaus möchte. Klingeling!

DAS LERNT IHR HUND

Ihr Hund lernt, mit der Nase ein Ziel zu berühren sowie eine neue Form der Verständigung.

SINNVOLL FÜR ...

Stubenreinheit
Selbst kleine Welpen können schnell lernen, an der Türglocke zu klingeln, wenn sie hinausmüssen. Für die Erziehung zur Stubenreinheit ist dies äußerst wertvoll!

UND SO GEHT'S:

1 Geben Sie etwas Futter auf die Glocke und zeigen Sie sie Ihrem Hund. Wenn er daran schnüffelt oder leckt, lassen Sie die Glocke leicht klingeln.

2 Sagen Sie gleich nach dem Klingeln „Gut!" und geben Ihrem Hund ein Leckerli.

3 Nach einigen Wiederholungen hat Ihr Hund vermutlich das ganze Futter abgeleckt. Geben Sie nichts mehr auf die Glocke. Berühren Sie einfach die Glocke oder zeigen Sie darauf und sagen „Klingel". Geben Sie Ihrem Hund ein Leckerli, wenn er die Glocke zum Klingeln bringt.

4 Immer wenn Sie Ihren Hund hinauslassen möchten, lassen Sie ihn an der Türglocke klingeln und öffnen dann sofort die Tür.

Tipp

Reagieren Sie anfangs sofort auf das Klingeln Ihres Hundes und öffnen Sie die Tür jedes Mal. Hunde begreifen schnell und lernen, an der Türglocke zu klingeln, wenn sie hinausmüssen. Nehmen Sie die Klingel weg, wenn Sie nicht im Haus sind.

Das brauchen Sie

Nehmen Sie eine Türglocke, die groß genug ist, damit Ihr Hund sie nicht verschlucken kann. Hängen Sie die Glocke etwa in Höhe der Hundenase an den Türgriff.

Für Profis

Treibball
Seite 156

Volleyball

Werfen Sie einen Ball in die Luft und Ihr Hund wird ihn mit seiner Nase zu Ihnen zurückstoßen!

DAS LERNT IHR HUND

Bei diesem Spiel wird die Koordination gefördert und der Hund lernt die Nasenberührung.

SINNVOLL FÜR …

Frisbee
Bei diesem Spiel lernt Ihr Hund die Koordination zwischen Nase und Augen, die er braucht, um hochzuspringen und einen fliegenden Frisbee aus der Luft zu fangen.

UND SO GEHT'S:

1 Machen Sie Ihrem Hund Lust auf ein Spiel mit einem Plüschspielzeug. Werfen Sie es herum und drücken Sie auf den Quietscher, um das Interesse Ihres Hundes zu wecken. Schieben Sie das Spielzeug nicht zu ihm hin, sondern ziehen es von ihm weg, damit er hinterherlaufen muss.

2 Konzentriert sich Ihr Hund auf das Spielzeug, werfen Sie es ihm in einem flachen Bogen in der Luft zu. Fängt er es, sagen Sie „Gut!“ und geben ihm ein Leckerli.

3 Solange Ihr Hund noch in Spiellaune ist, tauschen Sie das Spielzeug gegen einen sehr leichten Ball aus. Werfen Sie den Ball in einem hohen Bogen, sodass er ziemlich senkrecht über der Nase Ihres Hundes herunterkommt.

4 Wegen des großen Ballumfangs kann Ihr Hund den Ball nicht fangen. Stattdessen prallt der Ball von seiner Nase ab und kommt vielleicht sogar zu Ihnen zurück!

Tipp

Das Spiel ist einfacher als es aussieht. Ihr Hund kann meist innerhalb von zehn Minuten einen Ball von seiner Nase abprallen lassen. Ein Luftballon ist einfacher für Ihren Hund, da er langsamer herabfällt.

Das brauchen Sie

Nehmen Sie einen leichten Ball oder einen Luftballon (falls er platzt, sammeln Sie die Überreste des Ballons auf, damit Ihr Hund sie nicht auffrisst). Ein regulärer Volleyball ist für Ihren Hund viel zu schwer.

Für Profis

Targetstab
Seite 150

Treibball

Dieses Spiel orientiert sich am Schafehüten, verwendet aber große Bälle an Stelle von Schafen!

DAS LERNT IHR HUND

Bei diesem Spiel lernt Ihr Hund die Nasenberührung und gleichzeitig wird seine Koordination verbessert.

SINNVOLL FÜR …

Treibball
Treibball ist eine Sportart, bei der ein Hund Gymnastikbälle über ein Feld in ein Tor manövriert. Es entstand ursprünglich als Beschäftigung für „arbeitslose" Hütehunde, die keine Möglichkeit zum Schafehüten und keinen Zugang zu weiten Feldern hatten. So wie ein Hütehund Schafe in einen Pferch treibt, treibt der Hund bei diesem Sport große Bälle in ein Tor.

Hütearbeit
Unter Hütehundbesitzern ist Treibball schnell zu einer populären Sportart für ihre Hunde außerhalb der Saison bzw. als Ersatzbeschäftigung in der Halle für das Schafehüten geworden.

UND SO GEHT'S:

1 Konstruieren Sie eine Art Rinne, durch die der Ball gerollt werden kann. Nehmen Sie dazu zwei Stangen oder stellen Sie Ihr Sofa parallel zur Wand. Legen Sie den Ball ans eine Ende der Rinne und ein Leckerli unter den Ball. Sobald Ihr Hund das Leckerli haben will, stößt er den Ball nach vorn.

2 Wiederholen Sie diese Übung und legen dabei aber ein paar weitere Leckerli in die Rinne hinter dem Ball. Nachdem Ihr Hund den Ball angestoßen hat, sieht er die nächsten Leckerli.

3 Legen Sie dieses Mal keine Leckerli auf den Boden, sondern geben Ihrem Hund das Kommando „Schieb!". Wenn er den Ball auch nur ein kleines bisschen anstößt, sagen Sie „Gut!" und werfen ein Leckerli direkt vor den Ball.

4 Nehmen Sie die Übungsstangen weg. Warten Sie, bis Ihr Hund den Ball zwei Mal angestoßen hat, bevor Sie „Gut!" sagen und ein Leckerli vor den Ball werfen.

Tipp

Manche Hunde werden während der Übungen ganz aufgeregt, beißen in den Ball und bringen ihn zum Platzen. Es ist wichtig, dass Sie das Leckerli unten vor den Ball legen, damit Ihr Hund unter dem Ball sucht anstatt hineinzubeißen.

Das brauchen Sie

Nehmen Sie große (55 bis 85 cm) Gymnastikbälle. Am Anfang kann man mit kleineren und schwereren Bällen üben (Schweinebälle, Jollybälle, Ferkelbälle oder Enduro-Bälle). Die Übungsstangen können aus Holzbalken oder Regenrinnen gemacht werden.

Für Profis

Volleyball
Seite 154

Seifenblasen

Jagt Ihr Hund gerne Seifenblasen hinterher? Probieren Sie es aus!

DAS LERNT IHR HUND

Dieses Spiel fördert die Koordination Ihres Hundes und seine Geschicklichkeit bei der Nasenberührung.

SINNVOLL FÜR ...

Frisbee
Bei diesem Spiel lernt Ihr Hund die Koordination zwischen Nase und Augen, die er braucht, um hochzuspringen und einen fliegenden Frisbee aus der Luft zu fangen.

UND SO GEHT'S

Probieren Sie dieses Spiel aus, wenn Ihr Hund in Spiellaune ist. Pusten Sie ein paar Seifenblasen in die Luft (nicht in Richtung Ihres Hundes) und geben Sie ihm das Kommando „Hol's! Hol's!". Im Freien machen Seifenblasen mehr Spaß, weil der Wind sie wegtreibt.

Tipp

Manche Hunde sind total verrückt nach diesem Spiel! Andere interessieren sich kaum für die Seifenblasen. Meistens sind es Rassen, die zur Jagd auf kleine Schädlinge gezüchtet wurden, die am schnellsten Gefallen daran finden.

Das brauchen Sie

Seifenblasen für Kinder sind ungiftig und eignen sich gut für Hunde. Es gibt jedoch für Hunde auch spezielle Seifenblasen mit Fleischaroma!

Für Profis

Volleyball
Seite 154

Den roten Teppich ausrollen

Bei diesem Spiel legt Ihr Hund versteckte Leckerli frei, indem er einen Teppich ausrollt.

DAS LERNT IHR HUND

Bei diesem Spiel sind Geruchssinn, Logik und Konzentration gefragt.

SINNVOLL FÜR …

Fährtenarbeit
Bei diesem Spiel lernt Ihr Hund, den Boden abzuschnüffeln, um schwache Gerüche zu entdecken. Seine Hartnäckigkeit wird belohnt.

UND SO GEHT'S

Legen Sie einen Läufer aus und verteilen Sie darauf in der Mitte Leckerli. Rollen Sie den Läufer zusammen und legen Sie ein paar Leckerli sichtbar an das Ende. Klemmen Sie auch ein Leckerli unter den zusammengerollten Läufer. Zeigen Sie Ihrem Hund die Leckerli und geben Sie ihm das Kommando „Hol's!". Wenn er nach dem unter dem Läufer eingeklemmten Leckerli sucht, rollt er automatisch den Läufer etwas auf, wobei hoffentlich ein weiteres Leckerli zum Vorschein kommt. Hat er den Läufer nicht weit genug aufgerollt, damit ein Leckerli sichtbar wird, helfen Sie ihm und rollen den Läufer etwas auf.

Das brauchen Sie

Mit einem Läufer hat Ihr Hund richtig was zum Ausrollen! Allerdings kann so ein Läufer für kleine Hunde zu schwer sein. Ein kleiner Teppich funktioniert auch gut und ein Badvorleger ist sehr leicht und genauso leicht aufzurollen.

Für Profis

Treibball
Seite 156

Malkunst

Vielleicht hab' ich doch ein kleines bisschen danebengezielt.

DAS LERNT IHR HUND

Bei diesem Spiel lernt Ihr Hund zu zielen.

SINNVOLL FÜR ...

Kunst
Dekorieren Sie Ihr Haus bzw. Ihre Wohnung mit origineller Kunst, die extra von Ihrem vierbeinigen Picasso erschaffen wurde!

UND SO GEHT'S:

1 Bringen Sie Ihrem Hund zuerst Nasenstüber bei (Seite 148). Anschließend lernt Ihr Hund einen flachen Gegenstand mit der Nase zu berühren, wie z.B. den Deckel einer Kaffeedose. Vielleicht müssen Sie die ersten paar Male auf den Deckel klopfen oder sogar etwas Nassfutter draufgeben.

2 Kleben oder halten Sie den Deckel an die Staffelei. Sagen Sie „Nase!" und geben Ihrem Hund ein Leckerli, wenn er ihn mit der Nase berührt.

3 Nehmen Sie den Deckel weg und verwenden Sie stattdessen farbiges Klebeband, mit dem Sie ein X auf die Leinwand kleben. Klopfen Sie auf das X und geben Sie Ihrem Hund das Kommando „Nase!".

4 Ihr Hund hält hoffentlich gerne Dinge im Maul oder hat Bring (Seite 144) gelernt. Lassen Sie den Hund den Pinsel in sein Maul nehmen und geben ihm dann das Kommando, die Leinwand zu berühren. Da der Pinsel eine Verlängerung des Hundemauls ist, wird der Hund unweigerlich mit dem Pinsel die Leinwand treffen. Loben Sie ihn ausführlich.

Tipp

Klopfen Sie gegen die Leinwand, damit Ihr Hund darauf zugeht. Viele Hunde lassen den Pinsel sofort nach der Berührung mit der Leinwand fallen. Unter Umständen müssen Sie dem Hund nach jedem Pinselstrich den Pinsel erneut zum Halten geben.

Das brauchen Sie

Verwenden Sie ungiftige, abwaschbare Farbe für Kinder. Für Ihren Hund ist es am angenehmsten, einen Pinsel mit einem Holzstiel zu halten.

Für Profis

Pfotenmalkunst
Seite 170

Ball im Sandkasten

Wie aufregend, nach vergrabenen Schätzen zu buddeln! Verstecken Sie einen Ball in einem Sandkasten und lassen Sie ihn von Ihrem Hund wieder ausgraben.

DAS LERNT IHR HUND

Dieses Spiel fördert den Jagdinstinkt und Geruchssinn Ihres Hundes.

SINNVOLL FÜR ...

Tierdarsteller
Das Graben ist einer der Basistricks, den Tierdarsteller lernen. Es wird ihnen mit einem Ball und einem Sandkasten beigebracht.

UND SO GEHT'S:

1 Verstecken Sie ein Leckerli in einem luftdurchlässigen Behälter oder schneiden Sie einen 2,5 cm langen Schlitz in einen hohlen Gummiball und verstecken Sie darin ein Leckerli. Lassen Sie Ihren Hund dabei zusehen.

2 Verstecken Sie den Behälter knapp unter der Oberfläche, vielleicht sogar so, dass er noch teilweise sichtbar ist.

3 Geben Sie Ihrem Hund mit begeisterter Stimme das Kommando „Graben! Graben!". Reagiert er nicht so recht darauf, nehmen Sie den Behälter wieder heraus, lassen ihn daran schnüffeln und verstecken ihn erneut.

4 Wenn er den Behälter ausgräbt, öffnen Sie ihn und geben ihm das Leckerli am besten direkt aus dem Ball.

Tipp

Versucht Ihr Hund, mit der Nase nach dem Behälter zu suchen, anstatt richtig mit den Pfoten zu graben, decken Sie den Behälter kurz mit der Hand ab. Graben Sie dann selbst ein bisschen mit der Hand, um ihn zum Graben zu animieren.

Das brauchen Sie

Grober Mulch, der in Gartencentern verkauft wird, ist eine halbwegs saubere Alternative zu richtiger Erde oder Sand. Ein leeres Glas Babynahrung mit Löchern im Deckel fungiert als Behälter.

Für Profis

Leckerli unter einer Decke *Seite 37*

Pfoten abstreifen *Seite 164*

Pfoten abstreifen

Wenn draußen das Schmuddelwetter beginnt, werden Sie froh sein, dass Ihr Hund gelernt hat, sich die Pfoten auf dem Türvorleger abzustreifen!

DAS LERNT IHR HUND

Ihr Hund lernt zu scharren.

SINNVOLL FÜR …

Sauberkeit
Lassen Sie Ihren Hund seine Pfoten auf einem Türvorleger abstreifen, bevor er ins Haus bzw. in die Wohnung kommt.

UND SO GEHT'S:

1 Zeigen Sie Ihrem Hund, wie Sie ein Leckerli auf den Boden legen (am besten eignen sich hierzu harte Hundekekse). Decken Sie das Leckerli mit einem Türvorleger so zu, dass es unter einer Ecke des Vorlegers liegt.

2 Halten Sie die Ecke des Vorlegers fest, da Ihr Hund vermutlich versucht, seine Nase darunterzustecken. Fordern Sie Ihren Hund mit „Hol's! Hol's!" auf. Verliert er das Interesse, heben Sie schnell die Ecke des Vorlegers an, um ihm das Leckerli zu zeigen und decken es wieder zu.

3 Wenn Ihr Hund ein wenig frustriert ist, scharrt er am Vorleger – seien Sie bereit dafür! Sobald er nämlich auch nur ein einziges Mal scharrt, sagen Sie „Gut!" und heben den Vorleger an, damit er sein Leckerli bekommt.

4 Mit zunehmendem Fortschritt Ihres Hundes warten Sie, bis er zwei oder drei Mal gescharrt hat, bevor Sie ihn belohnen. Sie brauchen das Leckerli dann nicht mehr unter dem Vorleger zu verstecken. Stattdessen werfen Sie es dorthin, wo er scharrt (es macht dem Hund mehr Spaß, wenn er das Leckerli „ausgräbt" als wenn er es aus Ihrer Hand bekommt).

Tipp

Hunde mögen dieses Spiel und die Aufregung, das Leckerli „auszugraben". Anfangs wird der Hund den Vorleger häufig mit der Nase berühren und vielleicht nur einmal ganz kurz scharren – verpassen Sie diesen Moment nicht! Belohnen Sie Ihren Hund für das kleinste Scharren. In Nullkommanichts wird er seine Pfoten abstreifen wie ein braver Hund!

Das brauchen Sie

Ihr Hund wird auf dem Vorleger scharren (und nicht seine Pfoten vorsichtig abstreifen). Daher nehmen Sie einen ziemlich robusten Vorleger, der nicht reißt und in seine Einzelteile zerfällt.

Für Profis

Kratzbrett
Seite 166

Kratzkunst
Seite 168

Kratzbrett

Kann Ihr Hund das Krallenschneiden nicht leiden, bringen Sie ihm doch bei, seine Krallen selbst zu feilen, indem er auf einem mit Schmirgelpapier beschichteten Kratzbrett scharrt.

DAS LERNT IHR HUND

Hierbei lernt Ihr Hund, mit der Pfote zu scharren.

SINNVOLL FÜR …

Krallenschneiden
Viele Hunde mögen es nicht, wenn man Ihnen die Krallen schneidet. Bei diesem Spiel scharrt Ihr Hund auf einem scheuernden Untergrund und feilt so seine Krallen. Manchen Hunden (besonders Terriern) gefällt das Spiel so gut, dass die Besitzer das Kratzbrett vor ihrem Hund verstecken müssen.

UND SO GEHT'S:

1 Bringen Sie Ihrem Hund zuerst Pfoten abstreifen bei (Seite 164). Als nächstes legen Sie den Türvorleger auf das Kratzbrett und lassen Ihren Hund seine Pfoten abstreifen. Belohnen Sie ihn dafür mit einem Leckerli.

2 Heben Sie eine Seite des Kratzbretts samt Vorleger leicht an. Gehen Sie am angehobenen Ende des Kratzbretts in die Hocke und versuchen Sie, ob Ihr Hund erneut scharrt. Wenn Sie ihn belohnen, werfen Sie das Leckerli auf das angehobene Ende des Vorlegers, da Ihr Hund sich auf die Stelle konzentriert, wo das Leckerli auftaucht.

3 Schieben Sie den Vorleger teilweise oben vom Kratzbrett und heben Sie das Brett noch mehr an. Ihr Hund wird auf dem Vorleger scharren, aber immer wieder auch das Kratzbrett treffen.

4 Schieben Sie den Vorleger immer weiter nach oben, bis er ganz weg ist. Geben Sie Ihrem Hund das Kommando „Scharren! Scharren!" und klopfen Sie ab und zu auf das Kratzbrett, damit seine Konzentration nicht nachlässt. Geben Sie ihm hin und wieder ein Leckerli und zwar am oberen Ende des Kratzbretts.

Tipp

Für manche Hunde ist das Spiel an sich die Belohnung und sie brauchen nicht einmal Leckerli dazu. Scharrt Ihr Hund sehr hartnäckig, müssen Sie das Kratzbrett eventuell verstecken, wenn Sie nicht zu Hause sind.

Das brauchen Sie

Befestigen Sie Schmirgelpapier mit Heftklammern oder Klebstoff auf einem stabilen Brett.

Für Profis

Kratzkunst
Seite 168

Kratzkunst

Machen Sie aus dem Scharren Ihres Hundes mithilfe von Kratzpapier echte Scratch Art!

DAS LERNT IHR HUND

Hier wird das Scharren für die Kunst eingesetzt.

SINNVOLL FÜR …

Kunst
Dekorieren Sie Ihr Haus bzw. Ihre Wohnung mit origineller Kunst, extra für Sie gekratzt!

UND SO GEHT'S

Bringen Sie Ihrem Hund Pfoten abstreifen bei (Seite 164). Lassen Sie ihn zur Übung ein paar Mal auf dem Türvorleger scharren. Legen Sie dann das Kratzpapier (auf einem Klemmbrett) dorthin, wo er gescharrt hat und geben Sie erneut das Kommando zum Scharren. Voilà! Das ist wahre Kunst!

Tipp

Hunde scharren oft an den Ecken des Papiers und reißen es dadurch ein. Sie müssen die Ecken eventuell mit Tesa auf dem Klemmbrett festkleben.

Das brauchen Sie

Kratzpapier ist buntes Papier, das mit einer zweiten Farbe beschichtet ist. Diese oberste Schicht kann abgekratzt werden, sodass die Farbe darunter sichtbar wird. Eine ähnliche Wirkung erhält man, wenn man Pauspapier verwendet (wie z.B. Kohlepapier). Da Pauspapier dünn ist, decken Sie die Blätter mit Klarsichthüllen ab.

Für Profis

Ball im Sandkasten
Seite 162

Rechts- oder Linkspföter?

Hunde können auch Rechts- oder Linkspföter sein. Wissen Sie, welche Pfote Ihr Hund bevorzugt?

1 Geben Sie Ihrem Hund eine Futterpyramide oder einen Futterwürfel, der mit der Pfote bewegt werden muss anstatt mit der Nase. Welche Pfote benutzt Ihr Hund am häufigsten?

2 Kleben Sie ein Stück Tesa mitten auf den Kopf oder die Schnauze Ihres Hundes. Mit welcher Pfote versucht er, es abzubekommen?

3 Geben Sie Ihrem Hund einen Knochen oder ein mit Nassfutter gefülltes Spielzeug. Mit welcher Pfote hält er es fest?

4 Legen Sie ein Leckerli oder Spielzeug unter ein Möbelstück. Mit welcher Pfote angelt Ihr Hund danach?

Tipp

Der Hund benutzt zwar beide Pfoten, aber er benutzt eine Pfote etwas häufiger als die andere. Beobachten Sie ihn und finden Sie heraus, welches seine dominante Pfote ist. Wenn Sie wissen, ob er Rechts- oder Linkspföter ist, können Sie Ihr Training entsprechend anpassen, wenn Sie z.B. Tür zuschlagen (Seite 26) oder Pfotenmalkunst (Seite 170) üben.

Für Profis

Pfotenmalkunst
Seite 170

Pfotenmalkunst

Helfen Sie Ihrem Hund dabei, ein Kunstwerk zu kreieren, indem er mit der Pfote Farbe auf der Leinwand verteilt. Richtig süß!

DAS LERNT IHR HUND

Hier wird Scharren zur Kunst.

UND SO GEHT'S:

1 Als erster Schritt soll Ihr Hund Ihnen die Pfote geben. Kennt er ein Kommando für „Pfote geben", arbeiten Sie damit. Falls nicht, halten Sie ein Leckerli in Ihrer Faust dicht über dem Boden und öffnen Sie die Faust, wenn Ihr Hund danach pfötelt.

2 Als nächsten Schritt fordern Sie Ihren Hund zu „Pfote geben" auf. Ziehen Sie jedoch in letzter Sekunde Ihre Hand zurück, sodass er in die Luft pfötelt oder sogar schon an die Staffelei. Belohnen Sie ihn dafür mit einem Leckerli.

3 Geben Sie etwas Farbe auf einen Teller, heben Sie die Pfote Ihres Hundes an und drücken Sie etwas Farbe auf seine Pfote (nicht seine Pfoten in die Farbe tunken).

4 Stehen Sie hinter der Staffelei, halten Sie Ihre Hand hin und fordern Sie Ihren Hund zu „Pfote geben" auf. Ziehen Sie Ihre Hand wieder zurück, sodass er an der Leinwand scharrt. Geben Sie ihm dafür jedes Mal ein Leckerli!

Tipp

Veranstalten Sie die Malerei entweder im Freien oder im Bad. Lassen Sie Ihren Hund erst eine Farbe auf die Leinwand auftragen und lassen Sie diese dann eine Minute trocknen, bevor die zweite Farbe aufgetragen wird (sonst gibt es nur eine Schmiererei).

Das brauchen Sie

Verwenden Sie ungiftige, abwaschbare Farbe für Kinder.

Für Profis

Malkunst
Seite 160

Stichwortverzeichnis von A bis Z

Stichwortverzeichnis nach Sportarten

Agility

Tierdarsteller

Kunst

Beziehung

Selbstvertrauen

Hundeausstellung

Weitsprung ins Wasser

Apport im Gelände

Fitness, Rehabilitation, Physiotherapie

Flyball

Frisbee

Grundkönnen

Hütearbeit

Sauberkeitserziehung

Intelligenz

Coursing

Dogdancing

Nasenarbeit

Obedience/Rally-Obedience

Polizeidienst/Schutzdienst

Rettungsdienst

Selbstbeherrschung

Assistenzhund

Fährtenarbeit

Tricks

Sicherheit im Wasser

Dank

Mein Dank gilt Heidi Horn (Produktionsassistentin, Halstuchkoordinatorin und Hundeschmuserin), Kylie Horn (superklasse Kindermodel), Claire Doré (Hundeaufpasserin) und meinen eigenen Weimaranern Chalcy und Jadie. Danke an all die wunderbaren und begabten Hunde, die am Fotoshooting teilgenommen haben: Skippy (Jack Russell Terrier), Iris (Terriermischling), Owen (Golden Retriever), Lola (langhaariger Chihuahua), Laci (Dalmatiner), Duke (Magyar Viszla), Caesar (Pudel), Elliott (Australian Shepherd), Dakota (Labrador Retriever), Charlie (Afghanischer Windhund), Jackson (gelber Schäferhundmischling), Kwin und Jeep (Alaskan Malamutes), Lassie (Langhaarcollie), Flash und Torch (McNabs), Fiona (Irischer Wolfshund), Drover (Bretonischer Vorstehhund) und Conner (Cavalier King Charles Spaniel). Dank an FitPAWS Gymnastikbälle für Hunde

Fotos

und Spielzeugquietschen

von Christian Arias, Slickforce Studios, www.slickforce.com

In Gedenken: Bevor dieses Buch in Druck ging, ist ein ganz besonderer Hund von uns gegangen. Der Alaskan Malamute „Jeep" (Seite 47) war ein lebhaftes Mädchen, vor der eine vielversprechende Zukunft im Obedience-Sport und Schlittenhundrennen lag. Sie liebte es über die Maßen, draußen herumzutollen und ferngesteuerte Autos zu jagen. Jeep litt an unkontrollierbarer Epilepsie und Krampfanfällen. Wir sind überglücklich, solange die Hunde mit uns zusammen sind. Wir sind zutiefst betrübt, wenn sie eines Tages von uns gehen. Aber in unserer Erinnerung und in unserem Herzen werden sie immer so lebendig sein, wie sie es einmal waren.

Die Autorin

KYRA SUNDANCE ist eine international bekannte Stunthunde-Showkünstlerin, eine landesweit bekannte Hundesportlerin und internationale Bestsellerautorin. Kyra und ihre perfekt ausgebildeten Weimaraner, die zusammen das Sundance-Hunde-Team bilden, waren die Hauptdarsteller einer Galavorstellung in Marrakesch vor dem König von Marokko, der Hollywood-Bühnenshow Underdog von Disney, der Fernsehserie Showdog Moms & Dads sowie von internationalen Zirkusveranstaltungen und während Halbzeiten von Profi-Sportveranstaltungen. Kyra und ihre Hunde sind in Shows wie The Tonight Show, Ellen, Entertainment Tonight, Worldwide Fido Awards und Animal Planet aufgetreten.

Kyra bildet Hundedarsteller für Film und Fernsehen aus, u.a. für Beverly Hills Chihuahua 2. Sie nimmt an vielen Hundesportwettkämpfen teil und zählt im Hundewettkampfsport zu den Spitzensportlern der USA. Kyra ist als Referentin zum Thema „positive Verstärkung" in der Hundeausbildung vor internationalen Profi-Verbänden wie APDT (Association of Pet Dog Trainers), CAPPDT (Canadian Association of Professional Pet Dog Trainers) und IACP (International Association of Canine Professionals) tätig.

Zu den vielen erfolgreichen Büchern und DVDs über Hundeausbildung zählen der internationale Bestseller 101 Hundetricks sowie die preisgekrönte DVD-Serie Best of Dog Tricks. Kyra liegt die Beziehung zwischen Mensch und Hund sehr am Herzen, was sich auch in ihrer Ausbildungsmethode niederschlägt. Im Umgang mit ihren Hunden zeigt sie großes Einfühlungsvermögen, sie bildet die Hunde gründlich aus und motiviert sie zu Bestleistungen. Ihre Methoden fördern Vertrauen und Freude beim Hund, der einfach nur das Richtige tun möchte, ohne Angst vor Fehlern zu haben. Sie zeigt uns, wie wir eine Beziehung voller Freude zu unserem Hund aufbauen können, bei der sich Begeisterung und Selbstbeherrschung die Waage halten.

Kyra ist eine ehemalige Absolventin der UCLA (University of California), Marathonläuferin und ehemalige Windsurfing-Ausbilderin beim Club Med. Sie lebt mit ihren Weimaranern und ihrem Ehemann Randy Banis auf ihrer Ranch in der Mojave-Wüste in Kalifornien.

www.domorewithyourdog.com